처음 떠나는
가족여행

처음 떠나는 가족여행

지은이 홍미경
펴낸이 안용백
펴낸곳 (주)넥서스

초판 1쇄 발행 2011년 7월 30일
초판 2쇄 발행 2011년 8월 5일

2판 1쇄 발행 2013년 5월 10일
2판 2쇄 발행 2013년 5월 15일

출판신고 1992년 4월 3일 제311-2002-2호
121-840 서울시 마포구 서교동 394-2
Tel (02)330-5500 Fax (02)330-5555
ISBN 978-89-6790-238-4 13980

가격은 뒤표지에 있습니다.
잘못 만들어진 책은 구입처에서 바꾸어 드립니다.

본 책은 『베이비 투어』의 전면 개정판입니다.

www.nexusbook.com
넥서스BOOKS는 (주)넥서스의 실용 브랜드입니다.

아이와 함께라서 더 특별한

처음 떠나는 가족여행

홍미경 글·사진

넥서스BOOKS

Prologue

'답답하다. 참 답답하다.'

아이의 출산과 함께 아파트라는 사각의 공간에 갇혀 지낸 지 두 달이 넘어가면서
나의 가슴과 머릿속에는 '답답하다. 참으로 답답하다.'라는 생각만 두둥실 떠다녔
다. 평생 우울함과는 거리가 먼 줄 알았던 단순한 성격의 나에게도 사각의 시멘트
공간에서 아이와 단둘이 보내는 몇 달의 기간은 그저 참고 인내하기에는 힘든 시
간이었다. 내겐 탈출구가 필요했고, 그래서 아이와 함께 여행을 시작했다.

여행이 주는 치유의 기능은 생각한 것 이상이었다. 마음속 갈증이 채워지자 아이
가 눈에 들어왔고, 내 행복감이 아이에게 전이되기 시작했다. 나와 아이의 즐거운
여행이 시작된 것이다. 아이와 함께한 여행 초기에는 '여행 짐은 최소화할 것.'이라
는 나의 이상을 버리고 봉고차에 유아용품을 한가득 싣고 여행을 다녔다. 심지어
이 시기에는 제법 두꺼운 아기 이불과 유아용 범보 의자까지 가지고 다닐 정도로
미련스러웠다.

아이와 함께하는 여행에 요령이 생기면서 점차 짐을 줄이자, 아이와의 여행은 점점
더 즐거워지기 시작했다. 그런데 내가 요령을 습득해서 조금 편안해질 만하면 아이
는 이미 그 노하우가 필요 없는 단계로 성장해 버리니, 시행착오와 아쉬움의 연속이
었다.

아이와의 여행에 도움이 될 만한 책을 찾아본 적이 있다. 하지만 조금 큰 아이들
을 위한 체험 여행 책은 많았지만, 아직 젖도 못 뗀 아기와의 여행 책을 찾는 일은
쉽지 않았다. 나에게 필요한 정보는 내 아이의 개월 수에 맞는 여행지가 어디인
지, 여행 장소에 따라 필요한 준비물은 어떤 것인지가 핵심이었다. 하지만 정보를
구하기 어려웠고 직접 아이와 여행하면서 부족함을 채울 수밖에 없었다. 그렇게

쌓인 경험과 노하우를 바탕으로 이 책을 쓰기 시작했다.

아이가 너무 어려서, 산더미 같은 유아용품을 들고 다닐 엄두가 안 나서, 또는 어디로 가야 할지 몰라서 망설이는 엄마들에게 이 책이 도움되었으면 한다. 나는 아이를 무척 좋아한다. 하지만 엄마가 먼저 행복해야 아이도 행복하다고 생각한다. 아이는 엄마의 감성, 감정, 생각, 습관을 스펀지처럼 흡수하며 자란다. 그래서 엄마가 먼저 행복해야 한다.

이 책에서 소개하는 여행지는 아이는 물론 엄마 아빠도 좋아하는 곳으로 선택했다. 아이와 함께 여행 간다고 해서 어른의 취향을 무시하고, 무조건 아이들이 좋아하는 곳만 골라 갈 필요는 없다. 사실 걷기 전 아이들과의 여행은 엄마를 위한 여행이라고 봐야 한다. 아이가 4개월 때부터 시작된 나와 아이의 여행은 지금까지도 꾸준히 이어지고 있다. 아이와 함께하는 여행은 크게 두 단계로 나눌 수 있다. 걷기 전 아이와 함께하는 여행과 혼자서도 걸을 수 있는 아이와 함께하는 여행이다.

이 책은 걷지 못하는 아기와 함께 가면 좋은 곳, 유아의 호기심과 상상력을 충족시키는 여행지, 아기와 함께하는 장거리 여행지로 나누어 놓았다. 하지만 아이에 따라 발달 상태가 다르므로 개월 수에 연연할 필요는 없다.

육아란 내가 아이를 위해 희생하는 것이 아니라 아이와 엄마가 함께 행복해지는 길이란 걸 알게 된 지금, 아이와 함께한 여행은 나와 아이에게 특별한 추억이 되었다. 아이와 함께하는 여행에서 내가 느낀 행복감과 여유, 해방감이 다른 사람들에게도 전해졌으면 하는 바람이다. 세상의 모든 엄마가 행복해지길 바란다.

홍미경

Contents

프롤로그

Part 1 걷지 못하는 아기와 함께 가면 좋은 곳

Part 2 유아의 호기심과 상상력을 충족시키는 여행지

Part 3 아이와 함께하는 장거리 여행지

부록 가족여행을 위한 준비물

part 1

걷지 못하는 아기와
함께 가면 좋은 곳

구리 동구릉

경기도 구리시에 있는 동구릉은 아기와 함께 고요한 산책을 즐기고 싶을 때 찾으면 좋은 곳이다. 입장료도 저렴하고 찾는 이도 별로 많지 않은 숨겨진 유모차 여행지다. 명나라 사신이 '하늘이 만든 땅'이라고 극찬했다는 풍수지리상 최고의 명당이다. 그래서일까? 동구릉에는 조용하고 편안한 기운이 가득하다. 내가 동구릉을 사랑하는 이유는 고요함에 있다. 서울 근교라는 지리적 위치상 고요함을 유지하기 어려울 듯 보이지만 동구릉은 수백 년간 왕들의 영면을 보호하기 위해 왕실의 힘으로 엄숙하게 지켜진 고요하고 신성한 곳이다.

고요하고 **신비로운**
유네스코 지정 세계 문화유산

동구릉은 유네스코 세계 문화유산으로 지정된 세계적인 문화유산이다. 울창한 수림에 둘러싸인 수려한 산세와 왕릉 사이로 흐르는 왕숙천, 왕숙천을 사이에 두고

Info.
주소 경기도 구리시 동구릉로 217-14
문의 전화 031-563-2909
관람 시간 2~5월, 9월~10월 매표 06:00~17:00,
관람 06: 00~18:00 / 6~8월 매표 06:00~17:30,
관람 06:00~17:30 / 11~1월 매표 06:00~16:30,
관람 06:00~17:30
휴관일 매주 월요일
입장료 성인 1,000원 / 초등학생~고등학생 500원
/ 18세 이하, 만 65세 이상 무료

양안으로 총 9기의 왕릉이 있다. 9기의 능은 조선 왕조의 시조인 태조 이성계의 건원릉을 가장 북쪽 머리에 두고 자연스럽게 늘어서 있다. 즉, 태조 이성계의 자손들이 그의 무덤 아래로 차례로 잠들어 있는 가족 능의 형태이다.

'왕이 머무는 천'이라는 뜻의 왕숙천을 따라 난 길을 끝까지 걷다 보면 태조 이성계의 무덤인 건원릉이 나온다. 인간의 세계를 지나 신의 세계로 들어가는 것을 상징하는 홍살문을 지나면 정자각이 눈에 들어온다. 지금까지도 매해 6월 27일 전주 이씨 종친회에서 음식을 마련하고 제사를 지내는 곳이다. 홍살문과 정자각 사이에는 박석으로 만든 길이 있다. 평편한 듯 보이는 길은 좌우 높이가 다르다. 좌측은 신이 다니는 길이란 뜻의 신도로 사람이 다니는 길인 어도보다 높게 만들어졌다. 신이란 조상신을 말하는 것으로 그들에 대한 예의를 지켜 밟지 않는 것이 좋다.

이 신도와 어도의 좌우로 너른 잔디밭이 펼쳐져 있다. 많은 사람이 이 잔디밭 가장자리, 고목들이 고개를 숙이고 있는 곳에서 피크닉을 즐기곤 한다. 잘 관리된 잔디밭은 '들어가지 마시오.'라는 팻말도 없이 누구에게나 개방된 여유로운 공간이다.

동구릉은 아장아장 걷는 아기들의 걸음마 연습 장소로도 좋다. 유모차에 돗자리를 넣어서 너른 잔디밭에 펼치고 조촐한 피크닉을 즐겨 보자. 높은 고목이 서늘한 그늘을 만들어 주고, 푸른 잔디는 천연 카펫이 되어 준다. 아이들이 안심하고 뛰어놀 수 있는 천연의 자연 학습장이자 훌륭한 역사 교육장이다.

편안함을 선사하는 곳

　정자각 뒤편으로는 봉분이 있는 높은 언덕이 있다. 그 위에 태조 이성계의 봉분이 있다. 태조 이성계의 봉분은 다른 왕릉과는 다르게 떼를 덮지 않고 억새로 덮여 있다. 고향을 그리워한 태조가 유언을 남겨, 태종이 고향 함흥의 흙과 억새로 봉분을 만든 후 조선 왕조 500년간 변형 없이 유지해 왔다. 멀리서 보면 작아 보이는 봉분이지만 가까이서 보면 꽤 큰 규모이다.

　봉분을 악기(惡氣)로부터 지키기 위해 12지 신상을 새긴 화강암 병풍석으로 둘렀다. 그 밖을 12개의 난간석, 또 그 밖으로 왕을 지키는 영물인 석호와 석양들이 서 있다. 이외에도 문인석, 무인석, 석마, 장명등, 혼유석 등이 배치되어 있는데 이 중 재미있는 것이 혼유석이다. 혼유석은 제단처럼 생긴 사각형의 돌상이다. 이곳은 말 그대로 혼이 머무는 곳으로, 제사를 지내는 동안 혼이 이곳에 머물며 굽어 본다고 상상하면 재미있다.

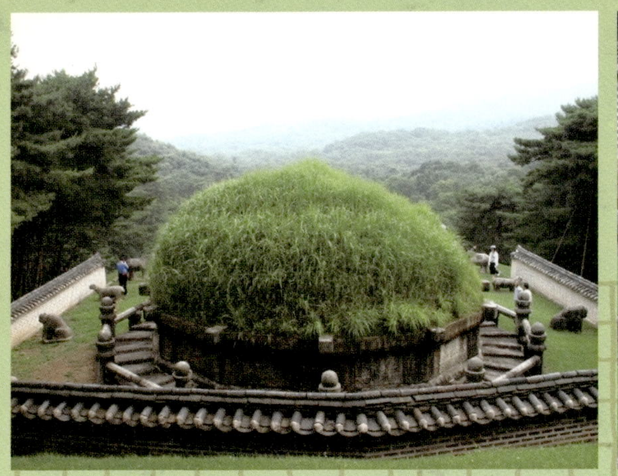

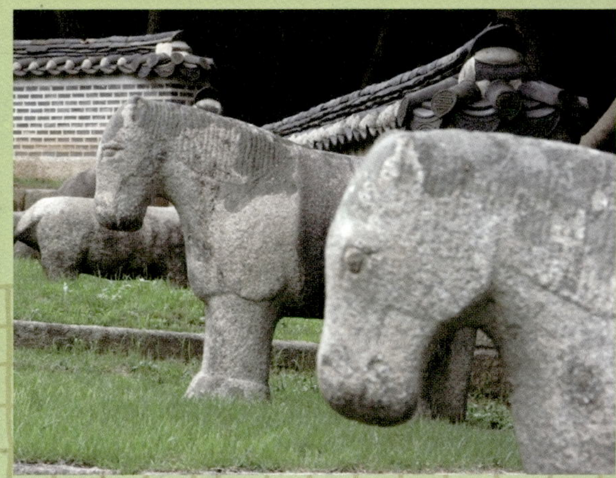

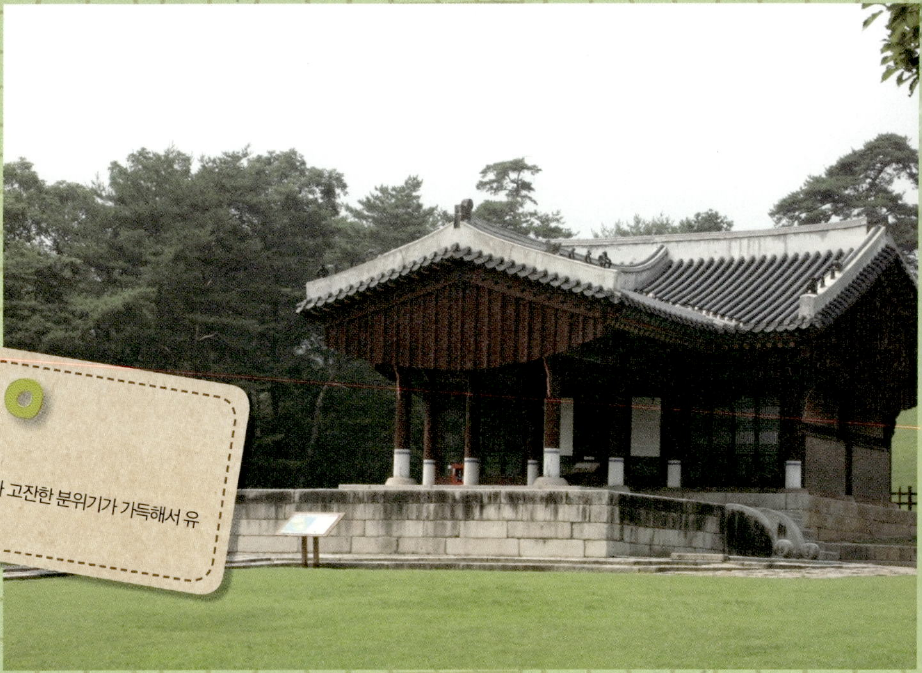

추천 4개월부터
추천 이유 청량한 공기와 고즈넉한 분위기가 가득해서 유모차 산책으로 최적지다.

아장아장 걷는 아기들의 걸음마 연습 장소로도 좋은 곳이다. 유모차에 돗자리를 가지고 가서 너른 잔디밭에 펼치고 조촐한 피크닉을 즐겨 보자.

　　태조의 왕릉인 건원릉은 조선 왕릉의 근본을 보여 주는 곳이다. 조선 시대 왕릉은 시대와 상황에 따라 약간씩의 변형이 있지만 큰 틀은 건원릉의 형태를 따르고 있다. 동구릉 산책의 색다른 재미는 비슷해 보이는 능들을 둘러보며 그 차이점을 찾아내는 데 있다. 쌍릉과 동원이강릉, 삼연릉 등 각각 다른 형태의 능을 찾아보자. 고아한 산책을 즐길 수 있는 동구릉의 산책길은 맑은 공기와 너른 잔디밭이 있어 시원스럽다.

　　걷기 시작하는 아이라면 동구릉 안, 줄기줄기 뻗은 흙으로 조성된 능로를 걷게 해 주자. 아이는 도시에서 밟기 어려워진 흙길의 포근함에 즐거워한다.

　　건원릉을 중심으로 서쪽 줄기 언덕에는 16대 인조의 계비인 장렬 왕후의 능인 휘릉, 21대 영조와 계비 정순 왕후의 쌍릉인 원릉, 조선 왕릉 중 유일한 삼연릉인 24대 헌종과 헌종 비들의 능인 경릉, 20대 경종 왕비의 혜릉, 18대 현종과 명성왕후의 쌍릉인 숭릉이 있으며 건원릉의 동쪽 언덕에는 각각 다른 언덕을 사용하는 동원이강릉 형태의 14대 선조, 의인 왕후, 계비 인목 왕후의 목릉과 5대 문종과 현덕 왕후의 현릉, 추존왕인 24대 헌종의 아버지인 문조의 수릉이 있다.

동구릉에서 잊지 말고
둘러보아야 할 베스트 명소

195만m²의 너른 숲에 둘러싸인 동구릉 9기의 모든 능을 둘러보아도 좋고 평소 맘에 담아 두었던 왕의 능을 골라 보아도 좋다. 어느 왕릉으로 가든 코스마다 나름의 매력과 호젓함이 있다. 특히 동구릉에서 가장 깊은 곳에 있는 목릉으로 가는 길과 경릉 옆 자연 학습장으로 가는 길이 운치 있기로 유명하다. 하지만 태조 이성계의 건원릉만큼은 꼭 보아 둘 만한 곳이다. 조선 왕릉의 기본을 제시한 능이기도 하고 다른 능에서 느낄 수 없는 기개가 느껴지는 곳이기도 하다.

여건만 된다면 건원릉 기신친향례(忌辰親享禮) 등의 제례 일에 맞추어서 구경하는 것도 좋다. 동구릉에 갔다면 능에 올라 보는 전망이 가장 좋다. 하지만 이곳에서는 언덕 위로 오르는 것을 엄격히 금하고 있다. 하지만 종종 학술 단체나 역사 단체들이 허락을 받고 능에 오를 때가 있다. 이때 약간의 처세술을 발휘해 따라가면 탁 트인 지세가 한눈에 굽어 보이는 능의 아름다움에 감탄하게 될 것이다.

여건만 된다면 건원릉 기신친향례 등의 제례일에 맞추어서 구경을 하는 것도 좋다.
동구릉에 갔다면 능에 올라 보는 것이 전망이 가장 좋다.

엄마아빠를 위한 인근 맛집

묘향 손만둣집 (02-444-3515)

드라마 〈태왕사신기〉를 찍었던 고구려 대장간 마을 인근에 있다. 식사 시간이면 긴 줄을 서야 할 정도로 맛집으로 소문난 곳이다. 만두를 재료로 한 뚝배기 탕이 인기 메뉴이다. 만두는 질감이 부드러워 이유식을 뗀 아기라면 잘 먹는다. (손 만둣국 7,000원 / 묘향뚝배기 8,000원)

한다리 이향 배맛갈비 (031-555-3311)

구리 인근의 서울시 노원구 태릉은 오래전부터 배맛갈비로 유명하다. 태릉과 인접한 구리에도 한다리 이향 배맛갈비라는 배맛갈비를 잘하는 집이 있다. 돼지갈비는 소갈비보다 부드럽고 단맛이 강해서 잘게 잘라 먹이면 아기들도 잘 먹는다. 단, 숯불을 피우므로 걷는 아기라면 불 가까이 가지 않도록 잘 살펴야 한다. (왕돼지갈비 1인분 13,000원)

주변에 가 볼 만한 곳

고구려 대장간 마을 (031-550-2363)

구리는 동구릉을 제외하곤 유명한 관광 명소가 없었던 지역이다. 하지만 드라마 〈태왕사신기〉의 세트장인 고구려 대장간 마을이 들어서면서 동구릉 외의 명소가 생겼다. 아차산 아래 조성된 고구려 대장간 마을은 곳곳에 〈태왕사신기〉의 자취가 남아 있어 찾아보는 재미가 쏠쏠하다. (입장료: 성인 3,000원 / 어린이 1,500원)

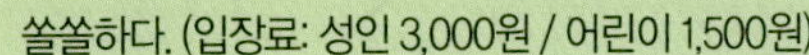

아이와 산책 갈 때 꼭 필요한 준비물

반나절 정도의 당일 여행으로 적합한 여행지이므로 간단한 외출 준비 정도면 된다.

당일 여행 준비물 : 기저귀 2~3개, 아기 수건(턱받이), 여벌의 옷 한두 벌, 물이 담긴 빨대 컵, 유모차, 유모차용 무릎 덮개(여름 제외), 카 시트, 아기 띠, 아기 간식, 커버가 있는 아기 스푼 세트, 건강보험증, 계절에 따라 유아용 선크림과 모자

아기를 위한 여행용 Best Item

보온 보냉이 되는 스테인리스 빨대 컵

아기를 데리고 여행할 때는 빨대 컵과 물병은 필수다. 여행 중에는 짐을 줄이면 줄일수록 좋기에 물이 새지 않고 보온과 보냉이 되는 빨대 컵이 있으면 물병을 따로 들고 다닐 필요가 없다. 빨대 컵은 플라스틱보다는 스테인리스 컵이 좋다. 플라스틱은 오래 사용하면 냄새가 나고 환경 호르몬에 대한 우려도 있다. 여행 중 삶기도 어려우므로 유아용 세제로 대충 닦아도 깨끗해지는 유아용 스테인리스 빨대 컵을 사용하는 것이 유용하다.

유모차용 이불 집게

한여름을 제외하곤 아이들을 유모차에 태우고 다닐 때 엄마들은 항상 무릎 덮개를 덮어 준다. 하지만 이때 줄줄 내려오는 덮개 때문에 난감한 경우를 당하는 엄마들이 많다. 이럴 때 사용하면 좋은 것이 유모차용 이불 집게다. 유모차에 휴대하고 있다가 필요할 때 사용하면 좋다.

아기를 위한 여행용 먹을거리

아기를 위한 피크닉용 먹을거리 '10분 완성 아기 주먹밥'

아기 주먹밥은 만들기 쉽고, 휴대하기 쉬우며, 영양 만점 먹을거리다. 여행용 먹을거리로 최고의 메뉴다. 다진 소고기와 양파, 당근과 같은 채소를 잘게 썰어 볶은 후 참기름과 약간의 소금으로 간해서 아기 입에 쏙 들어갈 정도로 작게 둥글려 만들면 된다. 아기가 김을 좋아한다면 김을 잘게 부숴 위에 살짝 뿌려 주면 좋다. 작은 락앤락이나 스테인리스 도시락에 넣어 가지고 다니다 사과 주스나 배 주스, 물 등과 함께 먹이면 좋다.

진주 수목원

아이에게 정서적 안정과 색감, 사물에 대한 변별력을 키워 주기에 가장 좋은 곳이 수목원이다. 수목원은 12개월 이하의 아이에게 자연의 품에서 색채와 사물의 다양성을 알려 줄 수 있는 좋은 장소다. 12개월까지의 아이들이 인지할 수 있는 색은 빨간색, 초록색, 노란색, 하늘색 네 가지이다. 이런 아이들에게 푸른 초목 안에서 빨갛고 노랗게 피어 있는 꽃송이를 보여 주며, 자연의 아름다움을 알려 주는 것은 더없이 유익하다. 어른이라면 누구나 아는 초록색의 나뭇잎, 노란색의 국화, 빨간색의 장미, 파란색의 하늘이 어린아이들에게는 새롭고 신비로운 첫 경험이다.

아이에게 수목원과의
첫 만남을 선사하다

진주 수목원은 사랑스러운 아이와 처음 가는 수목원 여행지로 선택하면 좋을 곳이다. 진주 수목원의 정식 명칭은 경상남도 수목원이다. 1993년 도립 반성 수목원으로

Info.
주소 경상남도 진주시 이반성면 수목원로 386
문의 전화 055-771-6500
관람 시간 3~10월 09:00~18:00 / 11~2월 09:00~17:00
휴관일 월요일, 공휴일과 연휴 다음날, 신정, 구정, 추석
입장료 성인 1,500원 / 청소년 1,000원 / 어린이 500원 /
만 6세 이하, 65세 이상 무료

시작해 2000년 경상남도 수목원으로 개칭했다. 경상남도 진주시 이반성면 대천리 산기슭에 56만여m²의 규모로 자리하고 있다. 이 안에 화목원, 수생 식물원, 장미, 철쭉원, 허브 토피어리원, 수종 식별원, 활엽수원, 침엽수원, 생태원, 열대 식물원, 난대 식물원, 무늬 식물원, 대나무 숲, 전망대, 약용 식물원, 생태 온실, 선인장원, 대나무 생태 무궁화 공원, 민속 식물원, 잔디원, 야생 동물원, 산림 박물관, 무궁화 홍보관 등을 갖추고 10만 그루의 나무와 국내외 식물 2,600여 종을 보존·전시하고 있다.

10km에 이르는
유모차 산책로

자갈길이나 흙길, 또는 계단이 많은 다른 수목원에 비해 진주 수목원은 경사가 급하지 않고 관람로의 대부분이 차가 다녀도 넉넉할 정도로 넓고 평탄하게 잘 닦여 있어 유모차 여행을 해야 하는 어린아이를 둔 부모들에게 안성맞춤이다.

이 중 끝을 볼 수 없을 정도로 넓게 펼쳐진 잔디 운동장이자 피크닉 장소인 잔디장, 잔디장에 높고 넓은 그늘을 만들어 주는 낭만적인 메타세쿼이아 가로수 길, 코끼리와 사자, 곰과 같은 크고 사나운 동물의 조형물과, 작고 귀여운 동물들이 있는 야생 동물원, 아이들이 좋아할 만한 동화 캐릭터들이 있는 무늬 식물원, 아이들의 웃음소리가 끊이지 않는 최고의 인기 물놀이터인 바닥 분수 등 아이와 함께하면 좋을 만한 많은 장소를 사이에 두고 아름답고 평화로운 산책로가 10km 가까이 이어진다.

추천 4개월부터
추천 이유 다른 수목원들에 비해 산책로가 평탄하고 넓
어, 유모차를 끌고 다니기 좋다. 수목원 안에는 아이들
이 좋아하는 바닥 분수와 뛰어놀고 피크닉을 즐기기 좋
은 잔디 광장, 작은 동물원까지 갖추고 있어 아이들과의
여행지로 적합하다.

진주 수목원은 푸른 초목과 맑은 공기가 가득한 최고의 힐링 여행지이다.

아이와 함께하는 **최고의 피크닉 장소,**
잔디원과 메타세쿼이아 가로수 길

매표소에서부터 아이들이 좋아하는 야생 동물원 앞 바닥 분수까지 직선으로 메타세쿼이아 가로수 길이 뻗어 있다. 단번에 시선을 사로잡는 하늘을 향해 곧게 뻗은 거대한 메타세쿼이아 가로수 길은 어느 외국의 산책로 못지않다. 이 산책로는 연인들에게도 인기 있지만 유모차를 끌고 가는 젊은 부부에게도 인기 만점의 장소이다.

메타세쿼이아 가로수 길 우측으로는 아이들이 뛰어놀기 좋은 푸른 잔디밭이 넓게 자리하고, 나무 아래로는 피크닉을 위한 나무 데크가 깔끔하게 설치되어 있다. 12개월 이하의 걷지 못하는 아기라면 돗자리에 곱게 앉혀 놓고 간식을 주며 10만 그루의 나무에서 뿜어 나오는 청량한 공기를 맡게 해 줄 수 있다. 푸른 초목과 맑은 공기로 가득한 진주 수목원으로의 여행은 그동안 도시의 공해에서 벗어나지 못했을 **아이에게 최고의 선물일 것이다.**

12개월에서 36개월의 아이들은 사물의 개념을 익히고 말을 배워가는 시기이다. 이 시기의 아이들에게 진주 수목원은 마음껏 뛰어다니며 다양한 사물의 개념을 익힐 수 있는 곳이다. 평소 차가 위험해서, 길이 복잡해서 등의 이유로 억압했던 아이들을 안전한 잔디원에 풀어 주자. 아이들의 맑고 밝은 웃음소리가 수목원을

울리는 행복한 광경을 볼 수 있다. 잔디원에 갈 때는 유아용 작은 공을 가지고 가면 좋다. 공놀이는 부모와 유아 사이의 유대감 형성에 매우 좋다.

식물원과 동물원이 한자리에
일석이조의 진주 수목원

진주 수목원에 봄이 오면 화목원, 장미, 철쭉원과 테마 수목원 사이사이에 조성된 꽃밭에서 다채로운 꽃이 피어난다. 활엽수, 침엽수를 가리지 않고 여린 잎새를 밀어내는 나무들의 생동감이 감동적이다.

수목원 여행에 가장 좋은 계절은 봄, 그중에서도 5월이 제일이다. 여름도 좋다. 나무들이 고목이어서 그늘이 크고 깊어 산책길이 산뜻하다. 다섯 개의 연못과 600m의 수로를 갖춘 수생 식물원에서는 수줍은 연꽃과 꽃창포가 피어나고 다양한 수생 식물들이 얼굴을 내민다. 특히 동물원 앞 분수는 걸음마를 할 줄 아는 아이들에게는 최고의 인기 장소다.

아이들의 맑고 밝은 웃음소리가 수목원을 울리는 행복한 광경을 볼 수 있다.

바닥에서 뭉글뭉글 올라오는 물의 움직임에 매혹당한 어린아이들은 분수를 떠날 줄 모른다. 물이 고이는 분수가 아닌 바닥 분수이기에 **아이들은 물이 올라오는 곳으로 온몸을 던질 기세로 날려든다.**

옷이 젖을 것을 걱정하는 엄마들의 제지에 반항하는 아이들의 모습이 수시로 관찰되는 곳이다. 이럴 때는 간단하게 겉옷만 벗긴 후 자유롭게 물놀이를 할 수 있도록 내버려 두는 것이 좋다. 물놀이는 다양한 감각적 경험과 물에 대한 개념, 대·소 근육 발달, 호기심과 탐구심 충족, 정서적 긴장감 해소 등 다양한 인지, 신체·정서 발달에 좋은 유아 놀이다.

약 56종의 야생 동물을 사육하는 야생 동물원은 12개월 이상의 아이들에게는 필수 코스가 될 정도로 인기 있는 곳이다. 수목원 안에 있는 동물원 수준으로는 전국 최고라고 할 수 있을 정도로 알찬 구성을 하고 있다. 비록 코끼리, 기린, 사자, 호랑이, 곰 등 커다란 동물들은 없지만 아쉬워할 필요는 없다. 동물원에 없는 이 동물들은 실제 크기에 버금가는 정도의 조형물로 동물원 곳곳에 있다.

유쾌한 조형물과 함께 원숭이, 수달, 꽃사슴, 다람쥐, 면

양, 공작, 여우, 염소, 당나귀, 말, 토끼, 타조, 칠면조, **미니돼지, 기니피그**, 고슴도치, 밍크, 족제비, 하늘다람쥐 등 **작고 귀여운 동물**이 가득하다. 이 중 동물 가족 동산은 낮고 개방적인 울타리로 아이들이 동물을 관찰하기에 좋다. 이외에도 다양한 천연기념물과 맹금류가 찾는 이들을 반긴다.

수목원 여행에 가장 좋은 계절은 봄, 그중에서도 오월이 제일이다. 여름도 좋다. 나무들이 고목이어서 그늘이
크고 깊어 산책길이 산뜻하다.

비록 코끼리, 기린, 사자, 호랑이 등 커다란 동물은 없지만 아쉬워할 필요는 없다. 동물원에 없는 이 동물들은 실제 크기에 버금가는 조형물로 동물원 곳곳에 있다.

엄마아빠를 위한 인근 맛집

북으로는 지리산, 남으로는 남해를 두고 있는 진주는 다양한 음식 재료를 구할 수 있는 천혜의 조건을 가지고 있다. 이에 더해 양반 문화가 발달해 다채로운 음식 문화가 발달했다.

아리랑 한정식 (055-748-4556)

화려한 교방 문화를 간직한 진주답게 진주는 교방 상차림으로 유명하다. 교방 상차림이란 교방청 기생들이 궁중 연회에 불려다니면서 왕실과 반가의 상차림에 영향받은 화려한 한정식을 말한다. 아리랑 한정식은 진주에서 손꼽는 한정식집으로 대표적인 궁중 요리인 구절판과 신선로를 중심으로 고급스럽고 화려한 한정식을 선보인다. (종류별 1인당 35,000원 / 50,000원 / 70,000원)

천황 식당 (055-741-2646)

사람들은 진주비빔밥이 전주비빔밥과 무엇이 다를까 궁금해한다. 진주비빔밥의 핵심은 포탕에 있다. 문어, 새우, 조개, 다시마 등으로 끓인 육수인 포탕을 숙주, 고사리와 같은 잘게 썬 나물과 육회를 얹은 밥 위에 얹어 촉촉하게 비벼 먹는 것이 진주비빔밥의 특징이다.

진주비빔밥 맛집으로는 전주 중앙 시장 안에 있는 천황 식당이 있다. 천황 식당은 식당을 시작하던 때부터 오십 년이 넘은 단층의 개량 한옥 건물을 지금까지 사용하고 있어 구경하는 재미도 있다. (비빔밥 8,000원)

하연옥 (055-746-0525)

예전부터 미식가들로부터 함흥냉면만큼이나 그 진미를 인정받아 왔던 진주냉면은 육수가 특별하다. 고기로 육수를 내는 다른 지역의 냉면과 다르게 진주냉면은 고기와 함께 멸치, 바지락, 홍합, 명태와 같은 해산물을 함께 넣고 만들어 낸다. 고구마와 메밀로 만든 쫄깃한 면 위에 육수를 붓고 화려한 고명을 얹으면 진주냉면이 완성된다. 맛집으로는 하연옥이 있다. (물냉면 8,000원 / 비빔냉면 9,000원)

아이와 함께하는 추천 숙소

아시아 레이크 사이드 호텔 (055-746-3734)

진주에는 유명한 콘도도 없고, 그럴싸한 특급 호텔도 없다. 하지만 진양호 변 아름다운 일몰을 방 안에서 감상할 수 있는 아시아 레이크사이드 호텔이 있어 아쉬움을 덜 수 있다. 요금 또한 140,000~160,000원 선(조식 포함)으로 크게 부담이 없다. 온돌방도 있어 아이와 함께 지내기에 좋은 호텔이다.

솔 하우스 앤 갤러리 (055-758-7788 / www.solgallery.kr)

진주시에 있는 펜션 중 최근 떠오르고 있는 명소이다. 주인의 예술적 감각이 돋보이는 인테리어로 많은 여행객의 관심을 받고 있다. 요금은 비수기 주말이 120,000원이고 성수기 주말이 140,000원이다.

주변에 가 볼 만한 곳

진주성 (055-746-3734)

진주 시내권에는 논개가 투신한 남강과 촉석루, 촉석루를 품은 진주성이 있다. 남강을 사이에 두고 촉석루와 마주 보고 있는 곳에 천년 광장과 대나무 숲이 있는데 촉석루를 가장 아름답게 조망할 수 있는 곳이다. 남강 변의 음악 분수는 진주성과 남강의 절경과 어우러져 최고의 야경 관광지로 떠오르고 있다. (입장료 성인 2,000원 / 7세 미만, 65세 이상 무료)

아이와 반나절 코스로 여행 갈 때 꼭 필요한 준비물

진주 수목원은 반나절에서 하루 정도의 당일 여행지다. 하지만 진주 시내의 관광지들과 연계하면 1박 2일에서 2박 3일까지 여행 계획을 세울 수 있는 곳이다.

당일 여행 준비물 : 기저귀 2~3개, 아기 수건(턱받이), 여벌의 옷 한두 벌, 물이 담긴 빨대 컵, 유모차, 카시트, 아기 띠, 아기 간식, 커버가 있는 아기 스푼 세트, 건강보험증, 계절에 따라 유아용 선크림과 모자

피크닉 준비물 : 돗자리, 아기 도시락 및 간식, 분유 또는 우유 등

아기를 위한 여행용 Best Item

수목원 여행의 필수품 절충형 또는 휴대용 유모차

아기를 데리고 여행할 때 필수라고 할 수 있는 유모차. 특히 많이 걸어야 하는 수목원으로 여행 갈 때는 반드시 챙겨야 하는 용품이다. 하지만 크기와 무게가 만만치 않은 디럭스급 유모차는 여행용으로는 부적합하다. 무게가 가볍고, 핸들링이 좋으며, 아이가 잠이 들었을 때를 위해 등받이가 최대한 넘어가는 것이 좋다. 돌이 지나지 않은 아기와 떠나는 여행이라면 발판을 확장할 수 있는 기능이 있는 것이 좋다.

유모차의 차양도 중요하다. 휴대용은 대부분 차양이 작아서 햇볕을 효율적으로 가려 주지 못한다. 아기가 숙면에 들었을 때 등받이를 눕히고 차양을 완전히 내려 햇볕과 바람을 차단해 주는 기능은 아무리 휴대용 유모차라도 갖춰야 할 덕목이다.

여행용으로 쓴다면 아기가 4~6개월쯤 됐을 때 절충형 휴대 유모차로 넘어가는 것이 좋다. 접고 펴기 쉽고, 부피와 무게가 적게 나가는 완전 휴대형 유모차는 등받이 각도 조절과 후드에 약점이 있으므로 빨라도 돌 이후에 사용하는 것이 좋다.

절충형 휴대 유모차는 등받이가 큰 각도로 조절할 수 있고, 차양이 햇볕을 완전히 가릴 수 있으며, 몇몇 제품들은 발판이 확장되거나, 충격 완화 장치까지 있다. 물론 기본적으로 휴대용 기능이 있기에 무게가 가볍고 부피가 작다. 하지만 무게와 부피 면에서는 완전 휴대용을 따라갈 수 없는 것이 사실이다.

완전 휴대용이 3kg대라면 절충형은 4~7kg 정도다. 생후 3개월부터 사용 가능할 정도로 충격 흡수 장치와 170도까지 넘어가는 등받이가 장점인 잉글레시나의 트립, 트립과 마찬가지로 발판 확장과 충격 흡수

기능, 핸들링이 좋은 맥클라렌 퀘스트 스포츠 등이 엄마들에게 인기 있다.

휴대용으로는 햇볕과 바람을 완전히 가릴 수 있는 멀티 후드와 발판 확장 기능, 핸들링이 좋은 아프리카에서 나온 슈퍼 미니, 사이드 쿠션 분리로 여름철 사용 감이 좋은 실버크로스 피즈 등이 엄마들이 좋아하는 휴대형 유모차다.

유모차 장난감

유모차를 많이 타고 이동해야 하는 아이들에게 유모차 장난감은 정말 좋은 여행 아이템이다. 주변의 변화된 환경에 지루해지면 아이들은 유모차 장난감으로 시선을 돌린다. 이리저리 만지고 빨고 하며 유모차 여행을 즐기는 아이들을 위해서 유모차 장난감을 한 세트 정도 갖춰 두면 좋다.

유모차에 부착한 후 그대로 차에 싣고 내릴 수 있는 유모차 장난감으로는 핸들형보다는 여러 종류의 장난감이 달린 것이 좋다. 타이니 러브의 꼬꼬 플레이 세트는 꼬꼬 경적, 치발기, 구슬 레일이 달려 아이가 앉을 수 있을 때부터 18개월까지 아주 유용하다.

일산 호수공원

유모차를 끌기에 가장 좋았던 여행지를 꼽으라면 단연 일산 호수공원이다. 넓은 호수를 중앙에 두고 호수를 에두르는 호변 공원엔 요철도 없이 잘 닦인 7.2*km*에 이르는 산책로와 4.7*km*의 자전거 전용 도로가 여유롭게 조성되어 있다. 그래서일까? 한국에서는 보기 어려운 아기 트레일러를 단 자전거를 자주 볼 수 있다. 작은 아기를 트레일러에 앉히고 호수 바람을 맞으며 자전거 하이킹을 즐기는 사람들을 볼 때면 평소엔 잘 쓸 수도 없는 아기 트레일러에 대한 욕심이 솟구치는 건 어쩔 수 없다. 하지만 아기 트레일러가 아니라도 일산 호수공원에 올 때는 유모차와 돗자리는 필수다. 아기 자전거와 아기 자동차, 아기 공 등은 선택 사항이다. 산책로 외곽엔 아기들과 피크닉을 즐기고 아기 자전거를 타거나 공놀이를 할 수 있는 개방된 넓은 잔디밭과 광장이 잘 조성되어 있다.

좁은 아파트 단지 사잇길이나 놀이터에서나 놀아 보았을 아이들에게 이 광활한 호수공원은 **가슴이 탁 트이는 해방감**을 선사한다.

Info.
주소 경기도 고양시 일산동구 장항2동 906
문의 전화 031-906-4557
관람 시간 4~6월 05:00~22:00 / 11~3월 06:00~20:00
휴관일 연중무휴
입장료 없음(주차료는 기본 30분 300원, 이후 10분당
100원)

1,800그루의 벚나무와 봄꽃의
치열한 경합이 벌어지는 꽃 공원

일산 호수공원이 가장 아름다운 계절은 봄이다. 여름과 가을도 아름답긴 하지만 봄의 화사함에는 비할 수가 없다. 호수공원의 아름다움이 절정에 달하는 4월 말~5월 초가 되면 고양 국제 꽃 박람회가 개최된다. 하지만 평소에도 붐비는 호수공원을 꽃 박람회에 맞춰서 찾아가는 것은 현명하지 않다. 아기들과의 피크닉은 여유로움이 있어야 한다. 일산 호수공원은 꽃 박람회 기간이 아니더라도 아기자기하게 잘 가꾸어진 화단과 정원에서 시기별로 꽃이 언제나 피어나는 곳이다. 특히 봄이 오면 벚꽃과 산수유, 진달래, 튤립 등 형형색색의 화사한 꽃이 치열한 경합을 벌이듯 피어나 공원은 화사하게 변모한다.

일산 호수공원의 명물
월파정, 장미원, 음악 분수

1996년 5월 4일 개장한 일산 호수공원은 30만㎡가 넘는 남북으로 길게 늘어진 호수를 중앙에 두고 103만여㎡에 이르는 동양 최대의

호수
정지용

얼골 하나야
손바닥 둘로
폭 가리지만

보고픈 마음
호수 만하니

인공 호수공원이다. 공원 곳곳에는 100여 종이 넘는 야생화와 20만여 그루의 나무가 있어서 생태 공원으로서의 명성을 드높이고, 호수 중앙에는 월파정이라는 아름다운 정자가 있는 달맞이 섬이 있다. 이 섬은 호수의 양안에서 다리로 연결되어 있는데 호수공원에서 가장 아름다운 벚꽃 경관지다.

호수공원의 중심인 한울 광장을 등지고 우측의 산책로를 따라 걷다 보면 장미원이 나온다. 여름이 오면 장미원에선 100여 종, 2만여 송이의 장미가 화려하게 피어난다. 하얀 분수대를 중심으로 원형으로 조성된 장미원의 화사함은 여름철 호수공원의 최고 볼거리다. 장미원을 지나 산책길을 따라 계속 북쪽으로 이동하다 보면 일산 호수공원의 또 다른 명물인 음악 분수가 있다.

일산 호수공원의 음악 분수는 부산 다대포의 음악 분수, 진주 남강 변의 음악 분수와 더불어 국내에서 명성을 떨치고 있는 곳이다. 특히 여름철 피서지로 음악 분수는 참으로 적절한 선택이다. 여름이 되면 음악 분수 근방은 아예 돗자리를 깔고 음식을 먹으며 여유롭게 음악 분수의 다채로운 쇼를 감상하는 가족들로 가득하다. 낭만적인 음악에 맞추어 우아한 모양새를 만들어 내는 음악 분수는 색색의 조명까지 더해져 그야말로 환상적이다. 물이 쏘아 올려질 때마다 신기해하며 환호성을 지르는 아이들의 천진함에 함께 웃음 짓게 되는 곳이다. 6에서 8월까지는 매일 오후 8시 30분부터 9시 30분까지 이어진다.(매월 마지막 주 월, 화, 수요일 제외) 4, 5, 9, 10월은 주말과 공휴일에만 오후 7시 30분부터 8시 30분까지 펼쳐진다.

여름철 또 다른 볼거리로는 호수 중앙에 있는 고사 분수가 있다. 50m에 이르는 물줄기가 뿜어져 나오는 고사분수는 한낮 호수의 정취를 시원하게 만들어 준다.

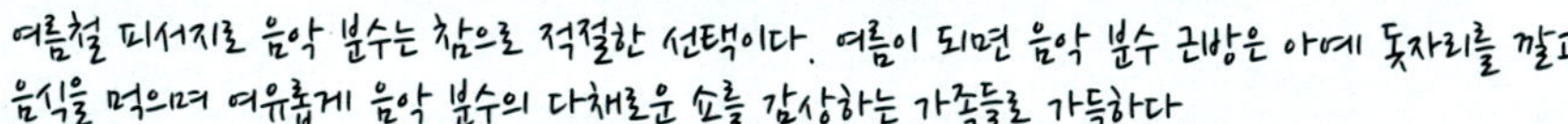

여름철 피서지로 음악 분수는 참으로 적절한 선택이다. 여름이 되면 음악 분수 근방은 아예 돗자리를 깔고 음식을 먹으며 여유롭게 음악 분수의 다채로운 쇼를 감상하는 가족들로 가득하다.

추천 4개월부터
추천 이유 대한민국에서 유모차를 끌기에 가장 좋은 공원이다.

자연 학습원과 선인장 전시관, 화장실 전시관

　음악 분수 앞에는 자연 학습원이 조성되어 있다. 한국에서만 자생하는 나무와 약초, 수중, 습지 식물로 구성되어 있는데 자연스러운 자연 생태 공원의 한 면을 보여준다.

　선인장 전시관은 호수공원의 시설 중 시선을 끌지 못하는 곳 중 하나지만 생각보다 알찬 전시 구성을 갖추고 있다. 보물을 건진 듯한 기분이 들게 하는 곳으로 약 900m²의 유리 온실 안에 86종 약 4,000여 분의 선인장이 들어서 있다. 보기 어려운 선인장 꽃들도 다수 관찰할 수 있는 사막의 선물 같은 곳이다. 화장실 전시관은 서양과 동양의 화장실 문화를 보여 주는 전시물을 전시하고 있다. 세계의 화장실 변천사와 화장실 문화를 엿볼 수 있으며 체험도 할 수 있는 이색적인 공간이다. 사진 촬영도 할 수 있다.

　장미원을 지나 북쪽 산책로를 걷다 보면 호숫가에 커다란 무지개가 뜬 것을 볼 수 있다. 인공 무지개다. 어느 조형 예술가의 작품인지 알 수는 없지만 호수와 인공 섬, 수변 식물들과 어우러진 풍광이 지극히 아름답다. 아름다운 무지개 끝에는 종종 연인들이 밀담을 나누기도 해 더욱 그림 같다.

복합 문화 공간
고양 아람누리 **어린이 미술관**

아직 미술관의 체험 프로그램을 소화하기에는 너무 어린 36개월 이하의 아기들에게는 별 쓸모없겠지만, 일산 호수공원 인근에는 경기도에서 손꼽히는 문화 예술 복합 공간인 고양 아람누리가 있다. 고양 아람누리 안에는 어린이들을 위한 미술 체험전을 주로 진행하는 어린이 미술관이 있다. 체험료를 받고 진행하는데 미리 전화로 프로그램을 문의하는 것이 좋다. 또한, 아람누리는 오페라, 연극, 뮤지컬, 공연, 전시회 등 다양한 문화 행사를 관람하는 부모들을 위해서 36개월 이상의 취학 전 아동을 맡아 주는 어린이 방을 운영하고 있다. 문화생활에 배고픈 부모에게 정말 고마운 장소다. 일산 호수공원 한울 광장 육교를 통해 미관광장으로 이동한 후 광장의 끝인 정발산역까지 간 후 중앙로를 건너면 아람누리가 나온다.(서울 지하철 3호선 정발산역 3번 출구. 아람 어린이 미술관 031-960-0180)

엄마아빠를 위한 인근 맛집

라페스타

고양시가 야심 차게 기획한 쇼핑, 외식, 문화생활이 모두 가능한 복합 문화 공간이다. 하지만 기대했던 것보다 문화 쪽의 무게감이 약해 스트리트형 테마 쇼핑몰로 보는 게 적당하다. 거대한 여섯 개의 쇼핑 동으로 이루어진 스트리트형 쇼핑몰로 일산에서는 서울의 명동과 같은 위상을 가지고 있다. 호수공원 한울광장 육교로 미관광장으로 이동 후 광장 중간 부근에서 광장의 왼쪽 블록에 있는 홈플러스를 마주 보았을 때 우측 골목으로 진입하면 라페스타가 나온다. (라페스타 관리단 031-920-9600)

웨스턴 돔

라페스타와 비슷한 성격을 가진 복합 쇼핑몰로 최근 일산 지역에서 떠오르고 있는 복합 쇼핑 몰이다. 3만여㎡의 부지에 쇼핑몰과 오피스텔 네 개 동이 결합한 거대한 복합 쇼핑몰로 국내 최초의 개방형 돔 구조의 건축물로 만들어졌다. 야간에는 돔에 형형색색의 조명이 들어온다. 멀티플렉스 영화관인 CGV와 1,000여 명을 수용할 수 있는 광장, 쇼핑과 외식 등을 즐길 수 있는 숍과 음식점이 알차게 꾸려졌다. 라페스타의 최대 경쟁자로 떠오르는 곳이다. 일산 MBC 뒤편에 위치. (웨스턴 돔 031-931-5114)

생선구이집 어랑 (031-907-9295)

벽면 가득 연예인들의 사진이 걸려 있는 일산을 대표하는 맛집 중 하나다. 서민적인 분위기와 맛을 내며, 생선구이와 생선을 이용한 탕이 주메뉴다. 생선구이는 질감이 부드러워 이유식 완료기의 아기들도 잘 먹는다. 단 식당이 의자 좌석만 있어 아기와 함께 이용하기에 편하지는 않다. (삼치구이 8,000원)

엄마아빠의 추억의 장소, 카페촌 애니골

일산 호수공원 안에는 음식점이 없다. 일산 호수공원은 이상적인 피크닉 장소이므로 간단한 음식을 싸 가지고 가서 아기와 함께 오붓한 시간을 보내는 것이 가장 좋다. 하지만 외식을 한다면 개인적으로는 번잡한 곳보단 호젓한 1970~1980년대 추억의 카페촌 애니골을 추천한다. 애니골은 1980년대 경의선 열차를 타고 통기타와 막걸리 한잔의 낭만을 즐기던 백마역 앞의 주막촌이 1994년 백마촌 개발로 풍동으로 옮겨와 생성된 곳이다. 한정식, 양식, 이탈리안 레스토랑, 오리 전문점, 라이브 카페 등 다양한 종류의 음식점이 풍동 애니골을 가득 채우고 있다.

가나안 덕 (031-907-5292)

대기 번호표를 받고 긴 줄을 서야 할 정도로 문전성시를 이루는 오리 전문 음식점이다. 직영 오리 농장에서 가져온 신선한 오리를 숯불에 구워내 고소함이 아주 뛰어나다. 식후 나오는 녹두 오리 죽은 아기들에게 주기에 아주 좋은 음식이지만 눕혀야 하는 아기라면 냄새도 있고, 자리도 불편하다. (참숯 불 오리구이 1마리 34,000원)

오리촌 (031-901-5288)

아기와 함께라면 오리촌이 좋다. 고급스러운 외관의 오리촌에 들어서면 아기들을 편안하게 눕힐 수 있는 널찍한 마루가 나온다. 오리촌의 커플 별미 코스(31,000원)는 2인이 먹기에 딱 좋게 나오는 메뉴로 어린 아기들에게 주기 좋은 전복죽부터 오리 로스, 오리탕, 씹을 수 있는 아기들에게 먹이기 좋은 보들보들한 훈제오리 등이 푸짐하게 나온다. 이 중 퓨전 단호박은 단호박과 치즈, 오리고기, 각종 채소로 만들어진 것으로 아이와 어른의 입맛을 한번에 사로잡는다.

장수 마을 (031-904-5533)

아기들에게 먹이면 좋은 누룽지 닭백숙 요리만을 하는 장수 마을도 유명하다. (백숙 한 마리 35,000원)

주변에 가 볼 만한 곳

테마 동물원 쥬쥬 (031-962-4500)

걷는 아기라면 일산의 테마 동물원 쥬쥬가 좋다. 체험형 동물원으로 양, 염소, 토끼, 공작새 등 아이들이 좋아하는 동물들을 손으로 만지고, 먹이도 줄 수 있는 동물원이다. 국내 최초의 대규모 체험형 동물원으로 테마별 체험 농장을 잘 갖추고 있다. SBS 〈TV 동물 농장〉의 인기 동물 스타 오랑이와 사진도 찍을 수 있는, 어린이들만을 위한 체험 동물원이다. (입장료 성인 11,000원 / 만 24개월 이상~고등학생 8,000원)

아이와 공원으로 나들이 갈 때 꼭 필요한 준비물

일산 호수공원은 당일 여행지로 적격이다. 아기 준비물은 일상적인 외출 준비 정도면 된다. 단, 피크닉을 염두에 둔 준비를 추가하는 것이 좋다.

당일 여행 준비물 : 카 시트, 유모차, 유모차 무릎 덮개(여름 제외), 아기 띠, 기저귀 2~3개, 물티슈, 아기 손수건(턱받이), 여벌의 옷 한두 벌, 아기 간식, 물이 담긴 빨대 컵, 계절과 날씨에 따라 모자와 유아용 선크림 추가

피크닉 준비물 : 돗자리, 아기 도시락과 간식, 아기 음료

아기를 위한 여행용 Best Item

아기 선크림

햇볕이 강한 낮 시간 동안 야외로 외출한다면 한여름이 아니더라도 아기들에게 선크림을 발라 주는 것이 좋다. 특히 한여름이라면 잠깐 방심하는 사이 피부가 여린 아기들은 햇볕 때문에 화상을 입을 수 있으므로 주의하는 것이 좋다. 개인적으로는 미국의 환경 연구 단체인 환경 실무 그룹(EWG: Environmental Working Group)에서 평가한 선크림 중 가장 안전한 등급을 받은 캘리포니아 베이비에서 나온 SPF30의 선크림을 사용하고 있다.

아기를 위한 여행용 먹을거리

한입에 쏙~ 샌드위치

이유식을 먹는 아기라면 이유식과 간단한 과일과 주스와 우유 정도를 가져가면 되지만 완료기 이상의 아기라면 피크닉용으로 작은 샌드위치를 만들어 가는 것도 좋다. 엄마 아빠를 위해서는 큰 크기의 샌드위치를 만들고 아기를 위해서는 한입에 쏙 들어갈 정도로 작은 샌드위치를 만들어서 피크닉 분위기를 한껏 내 보자. 이가 나고 잘 씹는 아기라면 돌쟁이 정도만 되어도 보들보들한 식빵류는 잘 먹는다.

월정사 전나무 숲길

아직 면역력이 약하고 걷지 못하는 아기와 함께하는 여행으로는 삼림욕이 좋다. 살균 효과와 심리적 안정을 주는 효과가 있는 피톤치드가 편백 다음으로 많이 나오는 전나무 숲은 삼림욕장으로 최적이다. 국내에서 전나무 숲으로 유명한 곳은 오대산 국립 공원으로, 수백 년 전부터 오대산의 전나무 숲은 여러 시인 묵객이 남긴 글에 자주 등장한다. 조선 시대의 대표적인 화가 김홍도의 《금강사군첩(金剛四郡帖)》에도 전나무 숲에 둘러싸인 월정사의 신비로운 모습이 담겨 있을 정도이다.

월정사에서 차로 멀지 않은 곳에 있는 한국 자생 식물원 또한 삼림욕과 함께 향기 여행을 즐기기에 좋은 곳이다. 국내에만 자생하는 꽃과 식물들로 꾸며진 이 식물원은 자연 그대로의 지형을 살려 아름다운 숲과 정원, 계곡이 자연스럽게 어우러진 명소이다. 특히 봄과 여름의 정취가 뛰어나 삼림욕을 즐기기 좋은 오대산 월정사와 함께 둘러보기 좋다. 1,450m의 발왕산 정상의 주목 단지를 구경할 수 있는 평창 용평리조트의 관광 곤돌라도 아이와 함께하는 여행으로는 안성맞춤이다.

추천 4개월부터
추천 이유 돌 전의 걷지 못하는 아이와 함께하는 여행으로
는 이동이 많지 않고, 휴식을 취하며 스트레스를 푸는 여행
이 좋다. 오대산 천년의 숲길은 탄탄한 마사토 흙길로 부모
와 아기가 함께하는 유모차 삼림욕 길로 제격이다.
발왕산 곤돌라는 아기와 함께 아름다운 발왕산을 감상하기
에 가장 편하고 좋은 수단이 된다.

치유와 명상의 **유모차 산책로**
월정사 전나무 숲길

월정사에서 수행하던 부학대사의 스승인 나옹선사의 공양 그릇에 소나무에서 눈이 떨어져 내렸다. 이를 본 산신령이 노하여 공양을 망친 소나무를 대신해 전나무 아홉 그루에 사찰을 지키게 하니 그것이 월정사 전나무 숲의 시초다. 월정사 전나무 숲은 광릉 수목원, 부안 내소사 숲과 더불어 국내 3대 전나무 숲으로 불린다. 1,700그루의 전나무가 하늘 높은지 모르는 듯 곧게 뻗은 월정사 전나무 숲길은 한낮에도 햇빛이 부서져 내리는 신비한 치료의 길이자 명상의 길이다.

아직 걷지 못하는 어린 아기를 유모차에 태우고, 월정사 일주문에서 금강교까지 약 1*km* 정도의 전나무 숲길을 유모차를 끌며 천천히 걸어가 보자. 2008년 길 위의 콘크리트를 모두 걷어 내고 마사토와 진흙을 섞어 맨발로도 걷기 좋은 산책로가 되었다. 전나무에서 은은하게 뿜어져 나오는 피톤치드와 전나무 숲길을 따라 흐르는 오대천에서 나오는 풍부한 음이온이 머리부터 발끝까지 씻어 내리는 듯하다. 전나무에서 나오는 자연 치유 향인 피톤치드는 아기들에게도 **오대산이 주는 최고의 선물이다.** 유모차의 후드를 모두 젖히고 아이에게 자연의 방향제에 흠뻑 취하도록 해 주자. 엄마와 아기 모두 건강해지는 듯한 느낌이 들 것이다.

피톤치드란 나무가 자신을 해하는 해충이나 미생물들로부터 자신을 보호하기 위해 뿜어내는 방향성 물질로 습도와 일사량이 많은 오전 10부터 12시 사이에 가장

많이 방출된다. 이때 삼림욕을 한다면 전신으로 청량감을 만끽할 수 있다. 특히 광합성이 활발한 초여름부터 초가을까지의 시기가 전나무 숲이나 편백 숲에서의 삼림욕을 즐기기에 가장 좋은 기간이다. 심신을 맑게 깨어나게 하는 삼림욕에 욕심이 없다면 월정사 전나무 숲길의 겨울 풍경에 빠져 보자. 아무도 찾지 않는 새벽녘 눈 쌓인 전나무길을 홀로 걸을 때 느껴지는 정취는 행복한 고독이자 명상의 시간이다.

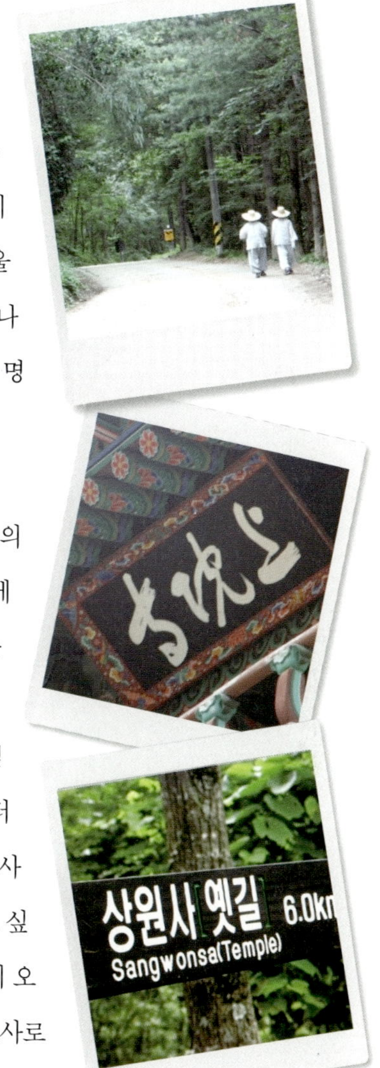

월정사에서 상원사까지 이어지는 $9km$에 이르는 천 년의 숲길을 모두 걸어 보면 좋겠지만, 도보로 약 2시간 30분에서 3시간 정도가 걸리는 길을 어린 아기와 함께 걷기에는 무리가 있다. 아이를 동반하지 않은 여행이라면 오대천을 따라 큰 경사 없이 유유히 뻗은 이 천 년의 숲길은 삼림욕을 즐기며 긴 산책을 즐기기에 최고의 길이다. 예로부터 치유와 명상의 길로 사랑받던 길이며 사륜구동차를 가진 사람들에게는 아름다운 오프 로드 길로 한번쯤은 달려 보고 싶은 추억의 흙길이다. 월정사에서 상원사 가는 길 중간쯤에 오대천 위로 섶 다리가 놓여 있다. 이 섶 다리를 통해서 상원사로 가는 옛길을 걸어 볼 수 있다.

오대산 국립 공원
입장료 2,500원, 주차료 5,000원

Info.

본당인 적광전 앞뜰에 고려 초에 만들어진 국보 제48호인 월정사 팔각구층석탑이 당당히 서 있어, 천년 고찰의 고아함을 자랑하고 있다.

월정사에서 즐기는 고아한 휴식

일주문에서 시작한 전나무 숲길 끝에 있는 금강교 밑으로는 맑디맑은 오대천이 흐르고 있다. 심심치 않게 천연기념물인 수달, 삵 등을 볼 수 있는 오대천은 바라만 보아도 마음이 맑아질 듯 투명하다. 이 금강교 너머가 바로 월정사 본사다. 월정사는 자장율사가 중국 오대산에서 수행 중 문수보살을 친견하고 돌아와 세운 사찰이다. 1,400년의 역사를 자랑하는 월정사는 몇 차례의 화재와 중건을 겪으며 면면히 이어져 왔으나 불행히도 1951년 한국 전쟁 중 거의 모든 전각이 소실되었다.

현재의 사찰은 1964년 이후 중건된 건물들이다. 하지만 본당인 적광전 앞뜰에 고려 초에 만들어진 국보 제48호인 월정사 팔각구층석탑이 당당히 서 있어 천 년 고찰의 고아함을 자랑하고 있다. 15.2m에 이르는 국내에서 가장 큰 팔각석탑 앞에 서면 시대를 뛰어넘는 감동이 몰려온다. 탑에서 나온 12점의 유물들은 모두 보물 1325호로 지정되었다. 이외에도 세조와 세조 비가 상원사 중창을 위해 보낸 발원문인 국보 제292호 상원사 중창권선문이 있으며 보물 제139호인 석조보살좌상이 월정사 팔각구층석탑 앞에 경건히 무릎을 꿇고 있다. 월정사 경내의 성보박물관에서는 월정사와 상원사에 관계된 모든 문화재를 볼 수 있다.

고양이 전설이 전해지는 상원사

월정사에서 상원사에 이르는 9*km*에 달하는 천 년의 숲길의 끝자락에는 월정사의 말사인 상원사가 오롯이 존재하고 있다. 오대산 중턱에 자리한 상원사는 아름다운 오대산 국립 공원의 깊은 품속에서 선원으로서의 의연함을 잃지 않고 있다.

월정사의 말사인 상원사는 세조와의 전설, 그리고 오대산과 어우러진 아름다운 풍광으로 유명하다. 상원사에는 국내에서 가장 오래된 동종인 국보 제36호 상원사 동종, 세조의 딸인 의숙 공주가 봉안한 국보 제221호 상원사 문수동자좌상, 보물 제793호 상원사 문수동자좌상 복장유물들이 남아 있다.

세조가 종기로 고생한 것은 유명한 역사적 사실이다. 단종을 죽인 일에 대한 죄책감과 지병으로 쇠약해진 세조가 상원사로 오던 중 상원사 계곡에서 몸을 씻고 피부병을 고쳤다. 이때 세조가 옷을 벗어 걸어 둔 관대 걸이가 아직도 상원사 입구에 남아 있다. 세조는 상원사에서 이외에 또 한 번의 기적을 체험한다. 고양이가 상원사 법당으로 들어가던 세조의 옷깃을 잡아 암살을 모면하게 해 준 것이다. 세조는 감사의 의미로 고양이상을 만들고, 상원사에 사방 30여*km*에 이르는 묘전(猫田)을 하사했다. 아직도 고양이상은 상원사 법당 앞에 남아 있으며, 상원사의 본사인 월정사는 현재도 오대산 일대에 여의도의 일곱 배에 달하는 땅을 보유하고 있다.

상원사에서 바라보는 **오대산의 풍광**은 겨울에 더욱 절묘하다. 화려하지는 않지만

상원사에서 바라보는 오대산의 풍광은 겨울에 더욱 절묘하다.

청정한 산사에서 느껴지는 맑고 깨끗한 기운과 겨울 산의 풍모가 절묘한 조화를 이루기 때문이다. 눈 쌓인 조용한 산사에서의 명상의 시간은 휴식과 치유의 시간이 될 것이다.

아기의 해맑음을 닮은
국내 자생 야생화 단지, 한국 자생 식물원

한국 자생 식물원은 평창의 아름다움을 축소해 보여 주는 평창 최초의 식물원이다. 국내에서만 자생하는 꽃과 식물, 나무들로만 가꾸어 놓은 곳이다. 평창 일대의 아름다운 지형과 어우러져 지극히 자연스러운 아름다움을 뽐낸다. 어느 식물원에 가도 이 정도의 자연스러움을 갖춘 곳은 찾기 어렵다. 그래서 잘 가꾸어진 식물원과 정원에 익숙한 사람들에겐 좋은 평가를 받지 못할 때도 있다.

한국 자생 식물원은 식물원으로서의 아름다움과 희귀 식물을 관찰할 수 있는 즐거움, 주변의 풍부한 관광 자원 등 여행지로서의 모든 여건이 좋은 곳이지만, 유모차를 끌고 다니기 불가능하다. 지형의 특성상 아이를 업거나 안고 가야 하기에 불편함이 있다. 하지만 전나무 숲을 배경으로 완만한 언덕을 가득

한국 자생 식물원은 평창 일대의 아름다운 지형과 어우러져
지극히 자연스러운 아름다움을 뽐낸다.

Info.

한국 자생 식물원
문의 전화 033-332-7069
관람 시간 4~10월 / 09:00~18:00
입장료 5~9월: 성인 5,000원, 어린이 2,000원 / 4월,
10월: 성인 3,500원, 어린이 1,500원

메우고 있는 재배 단지에 5월에는 부채붓꽃, 6월에는 꽃창포, 분홍바늘꽃, 8월에는 벌취 개미, 털부처꽃이 군락을 이루며 끝없이 피어난 모습은 정말 놓치기 아쉬운 장관이다.

한국 자생 식물원은 크게 실내 전시장, 재배 단지, 생태 식물원으로 나누어져 있다. 희귀종을 재배하는 새배 온실과 멸종 위기 보전원, 갤러리와 전시 온실, 식물원의 사계를 관람할 수 있는 영상 자료관, 드넓은 잔디밭이 해방감을 느끼게 하는 100회 마라톤 공원, 한국 자생 식물원에서 가장 아름다운 우리 꽃 재배 단지, 습지원, 허브에 못지않은 향을 뽐내는 박하, 구절초, 창포 등이 자생하는 향 식물원, 재미있는 이름을 가진 꽃과 식물들을 모아 놓은 사람 명칭, 동물 명칭 식물원, 10만여m²의 산자락에 자연 생태 그대로를 재현해 놓은 생태 식물원, 사약의 재료를 만날 수 있는 독성 식물원, 신갈나무 숲길순으로 관람하면 효율적이다.

하지만 아이를 데리고 조금은 가파른 1.2km의 신갈나무 숲길까지 가는 것은 무리이니 그 전에 마침표를 찍어도 큰 아쉬움은 없다.

용평 리조트 곤돌라 투어와
발왕산 정상에서의 산책

드라마 〈겨울 연가〉에서 최지우과 배용준이 밤을 지새웠던 산장을 기억하는 사람들이 많을 것이다. 고풍스러운 모습이 돋보이는 발왕상 정상의 드래곤 피크 양식당이 바로 그 장소이다. 1,450m의 발왕산 정상으로 가는 길은 의외로 쉽다. 아기와 함께라면 꿈도 꾸지 못할 높이의 산 정상을 쉽게 갈 수 있는 수단이 용평 리조트에 있다.

용평 리조트의 관광 곤돌라를 타면 1,450m 발왕산 정상 부근에 20분이면 도착한다. 관광 곤돌라를 타는 동안에 펼쳐지는 풍광 또한 아름다워 가을이면 단풍을 구경하기 위한 단풍객들로 언제나 만원이다. 정상의 곤돌라 하차장에 내리면 다른 세계에 온 듯한 신비한 풍광의 스카이 가든을 맞이하게 된다. 어쩌면 이리도 하늘이 가까이 느껴질 수 있을까 싶을 정도로 파란 하늘을 볼 수 있다.

스카이 가든 곳곳에는 '살아 천년, 죽어 천년'이라는 주목들이 신비롭게 서 있다. 그 주위를 목침으로 길을 만들어 산책하기 좋게 만들어 놓았다. 스카이 가든에서 도보로 약 20분이면 갈 수 있는 발왕산 정상까지 산책 삼아 걸어가 보자(왕복 40분 소요). 가는 길이 발왕산 정상의 등산로지만 아이를 안고 걸을 수 있을 만큼 평탄하다. 뿐만 아니라 어디서도 보기 어려운 주목들의 신비한 풍모와 야생화들을 만날 수 있다. 다른 곳에서는 보기 어려운 신비한 분위기가 가득한 장소이기에 잠깐의 어깨 통증은 감수할 만하다.

엄마아빠를 위한 인근 맛집

오대산 식당 (031-907-9295)

월정사 근처의 대표적인 음식으로는 산채 정식이 있다. 월정사 매표소에서 약 300m 정도 떨어진 곳에 음식 상가가 있다. 대부분 식당이 산채 정식을 하는데 이 중 오대산 식당은 전통과 맛을 보장하는 곳이다. 오대산 인근에서 나오는 다양한 산나물로 만든 이십여 가지가 넘는 반찬을 제공한다. (산채 정식 1인분 15,000원)

소풍가

상원사 앞에 있다. 차, 감자떡과 같은 간식거리로 요기하거나 불교 관련 서적과 물건을 살 수 있는 곳이다. 위치와 분위기가 좋아 잠시 들러 쉬기에 좋다.

물레방아 (033-336-9004)

봉평읍으로 나가면 평창에서만 맛볼 수 있는 특별한 메밀 음식들을 먹을 수 있다. 소설 〈메밀꽃 필 무렵〉의 배경지로 문학 여행지로 주목받는 봉평읍은 작아서 더욱 정감 가는 곳이다. 시내 인근에 있는 이효석 문학관 근처에 음식점들이 몰려 있다. 이 중 평창군 관광 안내소 길 건너에 있는 물레방아집은 메밀국수(6,000원), 묵사발(6,000원), 메밀 전병(5,000원) 등 메밀 요리를 깔끔하게 하기로 유명한 곳이다. 이곳의 별미는 살얼음이 살짝 낀 시원한 육수에 메밀묵을 담뿍 담고 오이채, 김, 깨, 송송 썬 새콤한 김치를 얹은 묵사발이다.

아이와 함께하는 추천 숙소

보광 휘닉스 파크와 한화 리조트 휘닉스 파크

가까운 리조트로는 보광 휘닉스 파크가 있다. 보광 휘닉스 파크에는 아이들과 함께 놀기 좋은 워터 파크 블루 캐니언이 있어서 보광 휘닉스 파크(1588-2828) 콘도를 이용하거나 한화 리조트 휘닉스 파크(033-334-6100)를 이용하는 것도 좋다. 하지만 보광 휘닉스 파크 콘도는 지어진 지 오래되어 시설이 낡은 편

이다. 시설 면에서는 한화 리조트 휘닉스 파크가 낫고 편의성 면에서는 보광 휘닉스 파크 콘도가 좋다. 평창은 스키의 고장이라고 불리는 지역이기에 많은 숙박 시설이 있다. 이 중 2009년 개장한 알펜시아 리조트의 호텔과 콘도가 깨끗하다. 알펜시아 리조트(033-339-0000)는 인터콘티넨털 1급 호텔과 홀리데이 인 2급 호텔 그리고 콘도로 구성되었으며, 영화 〈국가대표〉의 촬영지로 유명하다.

주변에 가 볼 만한 곳

2008년 용평 리조트에 워터 파크인 피크 아일랜드가 개장했다. 규모는 크지 않지만 깨끗한 시설로 호평받고 있다. 용평 리조트에서 숙박하면서 워터 파크와 곤돌라를 이용하고 월정사와 상원사, 자생 식물원을 돌아보는 것도 좋다. 평창은 상원사, 월정사를 품고 있는 오대산 국립 공원과 한국 자생 식물원, 허브 나라, 앵무새 학교, 양떼 목장, 대관령 삼양 목장, 보광 휘닉스 파크, 용평 리조트, 알펜시아 리조트, 봉평 이효석 문학관과 생가 등 볼 것 많고 즐길 것 많은 곳이다.

이 중 아이와 함께 둘러보면 좋은 곳으로, 걷는 것이 가능한 아이와 함께라면 보광 휘닉스 파크의 블루 캐니언과 허브 나라, 앵무새 학교, 대관령 삼양 목장을 꼽을 수 있다.

아이와의 1박 2일 여행에 꼭 필요한 준비물

상원사, 월정사와 한국 자생 식물원, 용평 리조트를 연계한 여행이라면 당일도 가능하지만, 아이와 함께 하는 여행이라면 1박 2일이 적당하다.

비상약 : 해열제, 체온계, 연고, 밴드(연고와 밴드는 걷기 시작한 이후의 아기들에겐 필수지만 그 이전의 아기라면 별 필요가 없다.), 계절에 따라 아기용 벌레 물린 데 바르는 약, 모기 쫓는 패치 등

장거리 여행 아기 용품 : 아기 샴푸, 아기 로션, 여벌의 옷, 모자, 모자 달린 재킷(여름이라도 방풍용으로 얇은 긴팔 재킷이 있어야 한다.), 부피가 작고 소리가 나는 아기 장난감들, 차에서 틀어 줄 동요 CD

외출 시 항상 휴대하는 필수 아기 용품 : 기저귀 2~3개, 아기 수건(턱받이), 여분의 옷 한두 벌, 물이 담긴 빨대 컵, 유모차, 카 시트, 아기 띠, 아기 간식, 커버가 있는 아기 스푼 세트, 건강보험증, 계절에 따라 유아용 선크림과 모자

아기를 위한 여행용 Best Item

휴대용 젖병(일회용 젖병)

돌 전의 어린 아기와 함께 여행 갈 때는 모유 수유가 아니라면 분유 관련 물품들로 가방 하나가 더 생긴다. 더구나 한 번 수유로 끝나는 상황이 아니라면 젖병을 몇 개나 챙겨야 하니, 번거롭고 수고롭기가 끝이 없다. 이럴 때 사용하면 좋은 것이 일회용 젖병이 다. 최근에 나오는 일회용 젖병은 멸균 처리가 된 개별 밀봉 포장이 되어 있어 세척하지 않고 바로 사용이 가능하며, 뜨거운 물을 부어도 용기에 손상이 없고 환경 호르몬이 나오지도 않는다. 또한 상품별로 수유 속도를 조절하고, 배앓이 방지 시스템이 되어 있는 등 기능적으로 평소 집에서 쓰는 젖병과 차이가 없다.

유명한 일회용 젖병으로는 한 번 쓰고 통째로 버리는 스위스의 bibi와 일반적인 젖 병 안에 폴리에스테르 비닐을 넣어 그 비닐을 교체해서 사용하는 유피스 제품이 있다. 편 리하긴 bibi가 편리하지만 가격이 좀 비싼 편이며, 가격이 저렴한 유피스 제품은 젖꼭지 를 세척해서 사용해야 하는 번거로움이 있다.

아기를 위한 여행용 먹을거리

쌀떡 뻥튀기

엄마들은 여행 중 아기 간식으로 일본산 유아 과자만 생각하는데, 이외로 아기들에게 쌀떡을 튀긴 쌀떡 뻥튀기를 주면 잘 먹는다. 길거리에서 파는 것 중에는 유해한 첨가물을 넣은 것이 있어서 돌 전 아기에게는 좋지 않다. 믿을 만한 유기농 업체의 제품을 이용하거나 직접 쌀떡을 뻥튀기 가게에서 만들어서 먹이는 것이 좋다.

파라다이스 스파 도고

여행을 데리고 다니기 불안한 마음이 드는 12개월 이하의 아기와 여행하기 좋은 장소 중 하나가 물놀이 시설이다. 수영은 생후 3개월부터 시작할 수 있는 운동으로, 생후 6개월부터 12개월까지의 아기는 엄마의 자궁 안, 양수에서 느꼈던 편안함을 물속에서 느끼기에 6개월이 넘은 아기라면 물놀이 시설로의 여행이 좋다. 특히 6개월이 되는 아기는 혼자서 앉을 수 있으니 보행기 튜브에 태워 엄마와 함께 물속을 떠다니며 물놀이를 즐길 수 있다. 하지만 아직 면역력이 약한 아기들이기에 시설이 깨끗하고 물이 따듯하며, 물 깊이가 낮은 유아 풀과 유아 시설이 완비된 물놀이 시설로 떠나야 한다.

최고급 유아 시설을 갖춘
파라다이스 스파 도고

이 조건을 완벽하게 충족시키는 곳이 파라다이스 스파 도고이다. 파라다이스 스파

Paradise Spa DOGO
Info.
주소 충청남도 아산시 도고면 가곡리 180-1
문의 전화 041-537-7100
시간 온천장 6:00~20:00(주말 21:00) / 실내 스파
9:00~19:00(주말 20:00) / 실외 스파 10:00~18:00(주말 19:00)
입장료(비수기 기준) 13세 이상 주중 26,000원(주말 32,000
원) / 소인 주중 20,000원(주말 25,000원) / 36개월 이하 무료

도고는 중국 화칭 온천, 일본 벳푸 온천, 인도 라자그라하 온천과 함께 '동양 4대 유황 온천'으로 꼽히는 곳이다. 이곳의 수질은 2009년 행정 안전부와 충남 도지사, 아산시로부터 '국민 보양 온천'으로 지정되면서 인정받고 있다. 특히 파라다이스 스파 도고의 온천수는 아토피 피부염과 피부 건선에 효능이 좋다고 알려져, 여성과 아이들에게 특히 좋은 것이 장점이다.

파라다이스 스파 도고는 2008년 7월 그랜드 오픈하면서 최고급 호텔 체인인 파라다이스라는 이름에 걸맞게 깨끗하고 고급스럽게 단장되었다. 파라다이스 스파 도고는 실내 바데풀, 실외 유스풀, 연인탕, 이벤트 스파, 전통 불 한증막, 다이너모, 키즈 랜드, 아쿠아 플레이, 정규 풀로 구성되어 있다. 이 중 어린 아기들이 이용하기 좋은 시설로는 수심 30cm의 유아 풀, 수심 45cm의 어린이 풀, 다양한 장난감과 놀이 시설이 갖추어진 어린이 놀이방, 유수 풀, 아기들을 위한 미끄럼틀, 컵분수 등이 갖추어진 야외 수중 놀이터인 키즈 랜드가 있다.

실내 스파는 고급스럽고 깔끔하게 정돈되어 있으며, 야외 스파는 시야가 확 트인 곳에 있어 기분을 상쾌하게 해 준다. 특히 야외 물놀이 시설은 성인을 위주로 조성된 다른 워터 파크와 다르게 아이들의 수준에 맞춰 아기자기하게 조성되어 있다. 아이를 데리고 여행하면서 가장 신경 쓰게 되는 위생과 유아 전용 시설

면에서도 많은 점수를 줄 수 있다. 실내 스파와 인접한 공간에 넓고 쾌적하게 만들어 놓은 어린이 놀이방엔 아이들이 좋아할 만한 다양한 놀잇거리와 깨끗하고 조용한 수유실이 갖추어져 있다.

물놀이의 시작은
유아 풀에서

물놀이의 시작은 아기에게 **물에 대한 두려움을 없애 주는 것**부터 시작하는 것이 좋다. 엄마나 아빠가 아기를 꼭 안고 수심 30cm의 얕은 유아 풀에 몸을 담그고 아기의 몸에 살살 물을 뿌려 주거나, 물을 첨벙거리며 놀아 주자.

처음부터 아기만 물에 풍덩 담가서는 안 된다. 아기들이 물에 적응을 잘한다고 해도, 아기에 따라서 물을 무서워하거나 얼굴에 물이 튀는 것을 두려워할 수 있기 때문이다. 아기들은 물에 들어간 처음에는 부모에게 매달리기도 하지만 조금만 시간이 지나면 혼자 앉아서도 물을 첨벙거리며 재미있게 논다. 이렇게 유아 풀에서 물에 대한 적응시킨 후 수심이 조금 깊은 어린이 풀로 이동해 보행기 튜브에 태워 끌고 다니거나 개월 수가 조금 높은 아기라면 개구리 미끄럼틀을 타거나 물 대포를 쏘아 보게 해 주는 것이 좋다.

파라다이스 스파 도고의 실내 시설인 바데풀은 플로팅, 넥 샤워, 하이드로 제트, 드림 배스, 벤치 제트, 릴랙스 라이닝, 보디 마사지, 바 샤월, 스트레칭, 자수정 사우나, 커플

엄마나 아빠가 아기를 꼭 안고 수심 30cm의 얕은 유아 풀에 몸을 담그고 아기의 몸에 살살 물을 뿌려 주거나, 물을 첨벙거리며 놀아 주자.

마사지, 청옥 사우나 등으로 구성된 수(水) 치료 풀로, 온천수를 이용한 성인의 건강 증진을 목적으로 만들어진 온천 시설이다. 많은 부모가 유아 풀과 어린이 풀에서 물속 적응을 끝낸 아기들을 보행기 튜브에 태우고 바데 풀로 들어가 물 마사지를 즐긴다. 실내에는 수유실과 다양한 놀이 기구를 갖춘 어린이 놀이방이 있으니 아이가 물놀이에 질려 하거나 피곤해할 때 이용하면 좋다.

아기들을 위한
다이내믹 유수 풀

36개월 이하의 아기를 데리고 물놀이를 할 때는 반드시 아기의 시야를 가리지 않고 야외에서 햇볕을 가려줄 수 있는 보행기 튜브가 필요하다. 이런 보행기가 있다면 아기를 보행기 튜브에 태워 야외 유수 풀로 나가 보자. 초당 1m의 유속으로 흐르는 150m 길이 코스는 실내 바데풀과 연결되어 있다. 따뜻하고 화창한 날 아기와 함께 물의 흐름에 온몸을 맡기면 육아 스트레스를 훌훌 날려 버릴 수 있다.

키즈 랜드와 아쿠아 플레이에서
다이내믹한 물놀이를

　아기들을 위한 미끄럼틀과 컵 분수를 갖춘 키즈 랜드에서는 신 나는 물놀이를 즐길 수 있다. 어린아이들을 위한 물놀이 시설이기에 한눈에 보기에도 미끄럼틀의 경사도는 낮고, 분수는 조그맣다. 딱 어린아이들의 눈높이에 맞춘 시설이어서 부모와 함께라면 어린 아기들도 위험 없이 즐길 수 있다. 아쿠아 플레이는 이보다는 조금 난도가 높은 물놀이장이다. 어른과 어린이가 모두 함께 즐길 수 있는 물놀이터로 다섯 종류의 슬라이더와 컵 분수 등을 갖추고 있다.

BABY TRAVELING TIPS

1. 아기들은 어른과 달리 쉽게 체온이 떨어진다. 아기의 입술색을 잘 살펴보고, 아기가 추워하는 것 같으면 바로 물 밖으로 나와서 타월 등으로 아기의 몸을 잘 닦아 주어야 한다. 보온을 위해서는 모자까지 달린 아기용 수영 가운을 입혀 주는 것이 좋다. 만약 이런 물품이 없다면 당황하지 말고 실내 풀 안에 있는 대여소에서 대여(3,000원)하거나 구매(15,000원)하면 된다.

2. 아기들은 쉽게 지치고, 지치면 바로 잠이 드는 경향이 있다. 이럴 때를 위해서 입장 시에 미리 비치 체어를 맡아 두고 비치 타월 등을 가져가 깔아 주고 덮어 주는 것이 좋다. 비치 체어는 아기 용품을 올려놓거나, 아기를 재울 때, 휴식을 취할 때, 간단한 음료나 이유식을 먹일 때 등 이용 빈도가 높다.

3. 여름이라면 자금에 여유만 있다면 야외 카바나하우스를 대여하면 좋다. 야외 스파에 위치한 원두막 형태의 휴식용 그늘막으로 아기가 쉬거나 잘 때 반드시 필요한 그늘과 넉넉한 마루를 제공한다. 비치 체어와는 비교할 수 없는 안락함을 제공한다. 아기가 있는 가족에게는 더없이 좋은 장소다. 락커 키로 결제한 후 이용할 수 있다.

4. 보행기 튜브에 미리 바람을 넣어 왔다고 억울해 하거나 눈물 흘리지 말자. 튜브에 바람을 넣자면 조그마한 수동 펌프로 손바닥이 벗겨질 정도로 바람을 넣어야 하는데, 대부분의 워터 파크와 파라다이스 스파 도고에는 실내풀 안에 바람을 넣는 설비가 있다.

추천 6개월부터
추천 이유 물속에서 편안함을 느끼는 유아들의 특성을
이해한다면 깨끗한 물놀이 시설로의 여행은 추천할 만
하다.
  도고 온천에 있는 파라다이스 도고 스파는 천연 온천수
를 이용할 뿐만 아니라 유아들에게 맞추어 시설이 되어
있어서, 깨끗하고 고급스럽다. 위생과 시설 모두 만족스
러운 물놀이 시설은 스트레스가 많은 육아 초기의 가족
들에게 추천할 만한 여행지이다.

엄마아빠를 위한 인근 맛집

아기와 함께하는 여행을 할 때는 맛집을 고를 때도 많은 것을 고려해야 한다. 아기가 걷지 못하는 때라면 아기를 눕힐 수 있는 곳을, 걷거나 뛰는 시기라면 다른 사람에게 폐를 끼치지 않고 식사할 수 있는 밀폐된 공간이 있는 장소가 좋다.

아산정 (041-533-9955)

장어 요리 전문점으로 아산의 대표적인 맛집 중 한 곳이다. 서울 종로구 창신동 일대의 한옥 여섯 채를 헐어 낸 목재로 지은 고풍스러운 한옥이어서 아이를 눕히기도 좋고, 아기가 장난 치거나 떠들어도 독립된 방이 제공되어 다른 사람의 눈치를 보지 않아서 좋다. 식사도 메인 메뉴를 제외하고는 한정식으로 보아도 무방하기에 이유식을 뗀 아기들에게 먹여도 좋을 만한 한식이 나온다. (장어 정식 1인 33,000원 / 2인 이상 주문 가능)

신창댁 (041-543-3928)

외암리 민속 마을 안에 있으며 음식은 모든 재료를 직접 기른 곡식과 채소로 마련해서 아기에게 안심하고 먹일 수 있다. 또한, 구조가 한옥이라 아기를 눕히기에도 좋다. 이 집의 대표 메뉴는 안주인의 손맛을 제대로 느낄 수 있는 청국장(5,000원)이다. 민박도 겸한다.

아이와 함께하는 추천 숙소

36개월 이하의 아기를 데리고 여행을 다닐 때에는 침대방을 이용하기 어렵다. 아기를 혼자 성인 침대에 재우는 건 너무 위험한 일이다. 아기를 부모 가운데 재운다면 아기가 뒤척일 공간이 부족해 아기와 부모 모두 불편하다. 그래서 온돌방이 필수다. 온돌방이 없다면 이불을 깔아 눕힐 마루라도 있어야 한다. 이런 면에서 온돌방이 있는 도고 파라다이스 호텔(041-542-6031)과 한국 콘도 도고(041-534-8101), 도고 토비스 콘도(041-541-5432) 등이 숙소로 무난하다. 세 곳 모두 파라다이스 스파 도고 인근에 있다.

주변에 가 볼 만한 곳

세계 꽃 식물원

아산은 많은 관광지가 있는 관광 도시로 연계해서 가 볼 만한 곳이 많다. 이 중 아이들과 함께하기 좋은 여행지로는 파라다이스 스파 도고 인근에 있는 세계 꽃 식물원과 벚꽃 시즌에 특히 볼거리가 많고, 유모차를 끌기에 좋은 현충사, 넓은 잔디밭과 작은 동물원을 갖춘 토들러에게 좋은 테마 파크 피나클랜드가 있다.

이 중 하루 코스로 연계할 만한 관광지로는 차로 5분 거리에 있는 세계 꽃 식물원이 좋다. 아기들은 물놀이 후에 피곤해서 대부분 잠이 든다. 오전에 세계 꽃 식물원에서 꽃 구경을 하고, 아기가 낮잠을 자는 동안 식사한 후 아기가 깨어나면 물놀이를 하는 것이 좋다.

아이와의 워터 파크 여행에 꼭 필요한 준비물

기본 준비물 : 기저귀 2~3개, 물티슈, 아기 손수건(턱받이), 물병, 빨대 컵, 여분의 옷, 건강보험증, 아기 먹을거리, 휴대용 아기 숟가락

워터 파크 준비물 : 방수 기저귀 2~3개, 일반 기저귀 1개, 수영복과 수영모, 수영 가운, 스포츠 타월 2~3개, 비치 타월 1~2개, 유아용 선크림, 유아용 보행기 튜브

아기를 위한 여행용 Best Item

보행기 튜브

12개월 이하의 아기와 물놀이 시설에 간단면 보행기 튜브를 꼭 준비하는 것이 좋다. 12개월 이하의 아기들이 쓰기에 적합한 보행기 튜브는 튜브의 두께가 얇아 유아의 시선을 가리지 않고 햇볕을 가려 주는 것이 좋다. 하지만 아직 시중에서 판매하는 국산 제품 중에는 12개월 이하의 아기들이 쓸 만한 보행기 튜브가 없다. 그래서 많은 엄마가 선택하는 것이 스윔 웨이즈의 보행기 튜브다.

스윔 웨이즈의 보행기 튜브는 두께가 매우 얇은 튜브가 그물망을 사이에 두고 이중으로 되어 있다. 그물망 위에 아기가 좋아하는 장난감이나 치발기 등을 놓아두면 아기가 물놀이할 때 가지고 놀 수 있으며, 튜브가 얇아서 아기의 시선을 가리지 않는다. 물론 야외 스파에서 사용하기 좋은 분리형 그늘막도 갖추고 있다. 24개월까지 사용 가능하며 인터넷에서 구매할 수 있다. 아기들이 좋아하는 핸들이 달린 아발론 등 기타 브랜드 제품들은 아기가 24개월 이상 되었을 때 이용하면 좋다.

목 튜브와 암 튜브

유아용 목 튜브는 목만 물 위로 동동 떠서 워터 파크에서 아기가 편안하게 떠다니며 보고, 놀기에 적합하지 않다. 목욕탕에서 물놀이할 때는 써볼 만하다. 암 튜브는 유아기 수영을 배울 때 적합한 제품으로 아직

물속에서 무게 중심을 잡지 못하는 아기에게는 불편한 물놀이 기구다.

방수 기저귀

수영장에서 방수 기저귀는 필수. 일반 기저귀를 입히면 입장도 안 되지만 만약 입혀서 들어간다면 아기 엉덩이보다 더 커다랗게 부풀어 오르는 기저귀를 보게 될 것이다. 방수 기저귀는 워터 파크에서도 약 3,000원 정도의 금액으로 구매할 수 있지만 미리 인터넷에서 아기에게 맞는 방수 기저귀를 구입해 가는 것이 좋다.

대형 마트나 워터 파크에서는 대부분 대형만 판매하므로 아기가 작다면 인터넷에서 아기에게 맞는 것을 미리 구매한다. 금액도 인터넷상에서는 개당 약 1,000원 정도면 구입 가능하다. 한 번 사용한 방수 기저귀는 팬티 벗기듯 벗겨서, 꼭 짠 다음 햇볕에 말리면 한 번 더 사용할 수 있다.

아기를 위한 여행용 먹을거리

아기들은 물놀이를 하면 쉽게 지치므로 간식과 물을 자주 보충해 주는 것이 좋다. 물은 여름이 아닐 경우 따뜻한 온수를 가지고 가 아기가 추워할 때 먹이면 좋다. 아이가 12개월 이상이라면 냉온 스테인리스 빨대 컵을 이용하면 보온병과 빨대 컵을 두 개 준비할 필요 없이 하나로 끝나기에 편하고 좋다. 이유식을 하는 아기라면 이유식과 함께 바나나 같은 영양 과일, 사과 등을 가지고 가서 휴식을 취할 때 조금씩 먹이는 것이 좋다.

아산 세계 꽃 식물원

12개월 이하의 아기들을 데리고 여행할 때는 유모차를 끌기 좋고, 아기들의 정서적인 측면을 고려해 오감 발달에 좋은 수목원이나 식물원이 좋다. 꽃을 보며 자연의 아름다운 색감을 알아 가고, 청량한 수목의 향 속에서 부모와 보내는 즐거운 시간은 아기들의 정서 발달에도 매우 좋다. 또한 아기들은 부모, 특히 엄마의 감정에 민감하게 반응하므로 엄마가 즐거우면 아기도 행복하다. 그래서 아기보다 엄마의 행복 지수가 먼저 고려되어야 하는 게 육아 법칙이다. 그런 의미에서 육아에 지친 엄마들에게 꽃과 함께하는 여행은 여러 모로 유익하다.

많은 어려움과 희생을 요구하는 육아의 힘거움이 가득한 사각의 공간에서 탈출해 꽃이 만발한 식물원에서 즐기는 여행은 엄마와 아기에게 여유와 행복을 선사할 것이다.

Info.
주소 충청남도 아산시 도고면 봉농리 576
문의 전화 041-544-0746~8
관람 시간 09:00~18:00(동절기 09:00~17:00)
입장료 일반 6,000원 / 유치원 · 초등학생 4,000원

전 세계의 꽃을 종류별로 모아 놓은
국내 최대 규모의 화훼 농원

아산 세계 꽃 식물원은 일 년 내내 계절별로 꽃들이 흐드러지게 피어나는 화훼 농원이자 식물원이다. 방대한 규모를 자랑하는 식물원답게 1~2월 겨울 꽃 축제를 시작으로 월별로 세계의 아름다운 꽃을 테마로 한 꽃 축제를 진행한다. 이 중 가장 유명한 꽃축제는 4~5월에 벌어지는 튤립 축제다. 이 시기가 되면 전 세계적으로 희귀한 종을 포함한 50여 종, 수백만 송이의 튤립이 색색으로 피어나 식물원의 안과 밖을 화려하게 수놓는다.

아산 세계 꽃 식물원은 네덜란드식 화훼 농원을 표본으로 농민 조합원 13명과 준 조합원 38명으로 구성된 영농 조합이 꾸려가는 곳이다. 그래서 외관이 유럽식 정원처럼 화려하진 않다. 오히려 2만 6천여m²의 부지에 거대한 온실만 줄지어 늘어선 모습은 삭막하기까지 하다. 하지만 거대한 온실의 문을 열면 동화 속 요정이 지팡이를 휘두른 듯 3,000여 종의 꽃이 만들어 내는 꽃의 향연이 펼쳐진다.

거대한 온실은 각각의 테마를 가지고 초화 정원, 테마 정원, 생태 연못, 에코 정원, 향기 정원, 독이 있는 식물 정원, 덩굴 식물 정원, 웰빙 정원, 앵무새 체험관 등으로 구성되어 있다. 어느 계절에 가더라도 그 계절에 맞는 꽃이 피어 있는 곳이 아산 세계 꽃 식물원이다. 눈이 무릎까지 쌓이는 한겨울에 방문해도 크리스마스의 꽃으로 불리는 포인세티아를 비롯해 진귀한 겨울꽃이 화사한 자태를 뽐낸다.

추천 4개월부터
추천 이유 봄, 여름, 초가을까지는 아이를 데리고 여행할 만한 곳이 많이 있다. 하지만 늦가을부터 쌀쌀한 초봄까지는 여행할 만한 곳이 마땅치 않은 것이 사실이다. 이럴 때 가면 좋은 곳이 아산 세계 꽃 식물원이다. 거대한 유리 온실로 되어 있어 계절에 구애받지 않으며 유모차를 끌기에도 적합해 유아와 함께하는 가을, 겨울 여행지로 추천할 만하다.

꽃이 만발한 식물원에서 즐기는 여행은 엄마와 아기에게 여유와 행복을 선사할 것이다.

말 못하는 아기들이라도 유모차에 태워 눈높이에서 조롱조롱 피어 있는 노랗고 빨간 꽃들을 보여 주면
귀엽고 앙증맞은 볼우물을 한껏 지어넣으며 까르르 웃는다.

팔을 뻗어 **보드라운 꽃잎을**
만질 수 있는 곳

이곳은 아이들과 장애인들을 배려해, 경사와 턱이 없어 유모차를 끌기에 안성맞춤이다. 아직 말 못하는 아기라도 유모차에 태워 아기의 눈높이에서 조롱조롱 핀 노랗고 빨간 꽃을 보여 주면 귀엽고 앙증맞은 보조개를 한껏 집어넣으며 까르르 웃는다. 꽃 이름을 알려주려 애쓸 필요도 없다. 아기에게 필요한 것은 꽃이 보여 주는 아름다운 색감과 향기이다. 아기가 꽃잎이라도 한 번 건드려 보려고 짧은 팔을 힘껏 뻗어 보드라운 꽃잎을 슬쩍 만지려고 한다면, 가지를 꺾는 것만 아니라면 허락해 주자.

아산 세계 꽃 식물원은 오감으로 체험할 수 있도록 꽃을 아이들의 눈높이로 조성해 놓았을 뿐 아니라, 향기를 맡아 보고 꽃잎을 만져 볼 수 있도록 배려하고 있다. 특히 허브 정원의 다양한 허브는 향기를 맡을 수 있을 뿐만 아니라 잎을 꺾어 먹어 볼 수도 있다. 하지만 아이에게 처음부터 꽃을 꺾으면 안 된다는 것을 분명하게 인지시켜야 한다. 꽃의 아름다움과 연약함에 대해 말해 주면 몇 번의 설명만으로도 아이는 의젓한 모습을 보인다.

아이가 노란 민들레만을 한참 바라보는데 아이에게 더 많은 꽃을 보여 주겠다고 유모차를 억지로 밀고 나가지 말자. 아기가 꽃에 대해

상상할 시간을 주는 것이 좋다. 이때 활용하면 좋은 것이 꽃 앞에 있는 설명 판이다. 아기에게 구구절절 꽃의 학명과 생태를 읽어 줄 필요는 없지만, 꽃에 얽힌 재미있는 이야기 등이 있다면 쉽고 사랑스러운 말투로 이야기해 주자. 엄마가 상냥한 목소리로 이야기해 준다면 아기는 더욱 흥미를 느낄 것이다. 꼭 아기에게 설명을 안 해 준다고 해도 꽃에 대해 자세하고 재미있게 설명된 팻말은 부모들의 지식욕을 충족시켜 준다.

동물에 관심을 두기 시작한
아이를 위한 앵무새 체험관

아이들은 돌이 지나면 동물에 맹렬한 관심을 두기 시작한다. 이런 아이들의 호기심과 애정을 충족시킬 수 있는 곳이 앵무새 체험관이다. 1,000원을 주고 구입한 앵무새 모이를 들고 체험관으로 들어가면 다양한 색의 작고 귀여운 앵무새들이 두려움 없이 손바닥 위로 날아든다. 작은 새이기에 아기들도 무서워하지 않는다. 오히려 모여드는 새들을 가리키며 엉덩이를 들썩이고 즐거움에 소리를 지른다. 체험관 밖에서 크고 화려한 앵무새들과 함께 사진을 찍을 수도 있다.

내가 앵무새 체험관을 찾았을 때 15개월 된 아기는 처음에는 어깨 위에 올라온 앵무새가 무서워 얼어붙었지만, 시간이 조금 지나자 만져 보고 까르르 웃었다. 하지만 엄마로서는 앵무새가 아기를 쪼지나 않을까 하는 불안한 마음도 가득했다. 24개월 이전의 아기라면 부모의 어깨나 관리자의 손 위에 앵무새를 얹고서 아이가 앵무새를 볼 수 있도록 하자.

작은 새이기에 아기들도 무서워하지 않는다. 오히려 모여드는 새들을 가리키며 엉덩이를 들썩이고 즐거움에 소리를 지른다.

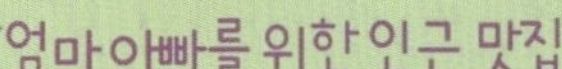

엄마아빠를 위한 인근 맛집

아산 세계 꽃 식물원의 명물! 꽃 비빔밥

아산 세계 꽃 식물원의 먹을거리로 빼놓을 수 없는 것이 꽃 비빔밥(6,000원)이다. 비벼서 그 형체를 일그러뜨리기엔 매우 아름다운 꽃 비빔밥을 먹고, 모든 입장객에게 선물로 주는 신경초, 로즈마리 등 15가지의 미니 화분 중 마음에 드는 것을 골라 보자. 생각지도 못했던 공짜 선물과 저렴한 가격으로 다양한 화분을 구매할 수도 있으니 돌아가기는 발걸음이 가볍다.

아이와 함께하는 추천 숙소

아산 지역에는 특급 호텔이 없지만 아산 온천, 온양 온천, 도고 온천 등 무려 세 개나 되는 온천지가 밀집되어 있어서 숙박업소가 많다. 이중 아산 세계 꽃 식물원 인근의 숙소로는 도고 온천 지역 내에 있는 도고 파라다이스 호텔(041-537-7100)과 그 바로 근처에 인접해 있는 한국 콘도 도고(041-534-8101), 도고 토비스 콘도(041-541-5432) 등이 깨끗하다.

주변에 가 볼 만한 곳

아산 세계 꽃 식물원은 도고 온천 지역과 차로 약 5분 정도의 거리에 인접해 있다. 따라서 세계 꽃 식물원에서 꽃 구경을 하고, 도고 온천 지역에 있는 물놀이 시설인 파라다이스 스파 도고나 아산 스파비스에서 물놀이를 즐기는 것도 하루 코스로 좋다.

수도권과 충청권 지역 거주민이 아산 세계 꽃 식물원 한 곳만 여행한다면 당일 여행이 가능하다. 하지만 아산은 파라다이스 도고 온천과 피나클랜드, 외암리 민속 마을, 현충사 등 다양한 관광지들이 있어 1박 2일 여행지로 좋은 곳이다.

기타 : 도고 파라다이스 스파, 아산 스파비스, 외암리 민속 마을, 공세리 성당, 피나클랜드, 봉곡사, 온양 온천, 현충사 등

아이와의 식물원 여행에 꼭 필요한 준비물

비상약 : 해열제, 체온계, 연고, 밴드(연고와 밴드는 걷기 시작한 이후의 아기들에겐 필수지만 그 이전의 아기라면 별 필요가 없다), 계절에 따라 아기용 벌레 물린 데 바르는 약, 모기 쫓는 패치 등

장거리 여행 아기 용품 : 아기 샴푸, 아기 로션, 여벌의 옷, 모자, 모자 달린 재킷(여름이라도 방풍용으로 얇은 긴팔 재킷이 있어야 한다.), 부피가 작고 소리가 나는 아기 장난감들, 차에서 틀어 줄 동요 CD

외출 시 항상 휴대하는 필수 아기 용품 : 기저귀 2~3개, 아기 수건(턱받이), 여벌의 옷 한두 벌, 물이 담긴 빨대 컵, 유모차, 카 시트, 아기 띠, 아기 간식, 커버가 있는 아기 스푼 세트, 건강보험증, 계절에 따라 유아용 선크림과 모자

아기를 위한 여행용 Best Item

유아용 배낭

돌이 지나 막 걷기 시작해서부터 만 3세까지는 끈이 달린 유아용 배낭이 아주 유용하다. 걷기 시작하는 아기들은 항상 걷고 싶어 하지만 돌발적으로 뛰어나가거나 위험한 상황에 쉽게 노출되므로 부모가 효율적으로 제동을 걸 수 있는 끈이 달린 배낭이 있어야 안심할 수 있다. 이 배낭 안에는 비상용 기저귀 1개와 가장 작은 크기의 휴대용 베이비 물티슈 하나 정도를 넣어 두면 유용하다.

아기를 위한 여행용 먹을거리

소고기뭇국

아기를 데리고 여행을 다니다 보면 아기 먹을거리가 가장 큰 걱정이다. 여행 중 사 먹게 되는 음식들은 12개월이 넘어 이유식 완료기의 아기들에게도 너무 자극적이고 화학조미료가 많이 들어 있다. 이럴 때 부모가 식당에서 주문한 음식에서 쌀밥만 한 숟가락 뚝 떼어 말아 먹이기 편한 것이 소고기뭇국이다. 단백질과 철분이 다량 함유된 소고기와 피로를 풀어 주는 채소인 무가 들어 있어 여행용 간단 음식으로 제격이다.

소고기뭇국은 엄마가 만들기 쉽고, 먹이기 쉽다는 점에서도 10점 만점에 10점을 주고 싶은 음식이다. 어른 손바닥 정도 크기의 내열 유리 용기에 담아 가야 밥을 말아 먹이기 쉽다. 요즘은 거의 모든 고속도로 휴게소에 유아 휴게실이 있으며, 대부분 전자레인지가 비치되어 있어서 따뜻하게 데워 먹이면 좋다. 식당에서 먹는다면 살짝 데워 달라고 부탁하자!

울산대공원

백만 송이 장미로 유명한 울산대공원은 봄에는 튤립과 야생화, 여름에는 백만 송이 장미와 아쿠아시스, 가을에는 유실수, 겨울에는 사계절 눈썰매장과 화려한 겨울맞이 조명 등으로 사계절 볼거리가 풍성한 자연 테마 공원이다. 거대한 공원 안에는 다양한 주제를 가진 화원과 산책로, 피크닉장, 어린이 동물원, 물놀이 시설, 테마 놀이터 등 오십여 개의 시설이 알차게 갖추어져 있다.

공원 내 도로 정비가 잘되어 있어 유모차 끌기에 안성맞춤이며, 다양한 산책로와 호수, 화원이 조화롭게 구성되어 아이의 정서적 안정과 엄마의 해방감을 고양할 수 있는 곳이다. 인근에는 국내에서 가장 해가 일찍 뜨는 간절곶과 아이들이 매우 좋아하는 국내 유일의 장생포 고래 박물관이 있으니 장거리 여행이 될 것 같으면 아예 1~2박 정도를 예상하고 짙푸른 동해로 여행을 떠나 보자.

Info.

주소 울산광역시 남구 옥동 146-1번지

문의 전화 052-271-8818

관람 시간 05:00~23:00

입장료 무료

휴관일 월요일(일부 시설에 한함, 공원 입장 가능)

추천 4개월 ~ 10세
추천 이유 유모차 속 유아와 함께할 수 있는 아름다운 산
책로와 두 돌 이후의 유아와 아동의 놀이와 지식 욕구를
채울 수 있는 다양한 놀이 시설, 전시관이 함께 있어 다양
한 연령대의 유아와 아동에게 적합한 곳이다.

울산대공원은 2009년 세계조경가협회 대상을 수상한 아름다운 도심 속 자연 테마 공원이다.

세계 최대 도심 속
자연 테마 공원

울산대공원은 2009년 세계조경가협회 대상을 받은 아름다운 도심 속 자연 테마 공원이다. 자연을 훼손시키지 않고 휴식, 문화, 놀이, 학습, 레저 등을 즐길 수 있도록 조성된 점이 세계적으로 인정을 받은 것이다. 많은 사람이 울산 시민의 평균 소득이 4만 달러 이상, 전국 소득 평균 두 배 이상을 웃돈다는 것을 알면 깜짝 놀란다. 그렇게 되기 위해 울산은 한동안 공해 도시라는 오명을 써야 했다. 무서울 정도로 회색 연기를 뿜던 울산의 중화학 공업 시설들 탓에 울산의 자연은 하루하루 망가져 갔다. 하지만 현재 울산은 생태 도시로 재탄생했다. 태화강 살리기 등 십여 년 동안 지속된 생태 도시로의 노력이 만든 기적이다. 이 노력의 정점에 서 있는 것이 울산대공원이다.

울산대공원은 공해 도시를 씻어낼 청정제로 만들어진 공원으로 울산의 허파가 되기에 모자람이 없도록 364만여m²의 규모로 조성되었다. 용인 에버랜드보다 두 배 이상이며, 뉴욕 센트럴 파크보다도 크다. 울산시가 구입한 이 거대한 부지 위에 SK가 기업 이윤의 사회 환원 차원으로 10년 동안 1,000여 억 원을 투자해 세계의 유명 공원들을 지표 삼아 2006년 6월 완성하여 울산시에 기증했다. 기업 이윤의 사회 환원 차원에서 기증된 공원이라 입장료가 무료이며, 몇몇 유료 시설도 요금이 저렴하게 책정되어 있다. 서울 근교의 대형 테마 파크와 대공원의 비싼 요금에 멍든 **엄마들의 마음을** 즐겁게 할 것이다

울산대공원
구석구석 즐기기

공원은 1차 시설, 2차 시설로 나뉘긴 하지만 세 개의 출입문을 중심으로 이용하는 것이 좋다. 울산대공원은 남문, 정문, 동문 3개의 출입구와 출입구 인근에 각각 한 개씩의 주차장(유료, 30분당 500원)이 있다. 각각의 출입구를 중심으로 다양한 시설들이 조성되어 있는데, 워낙 규모가 커서 각각의 게이트를 연결하는 트램과 자전거 대여소를 운영하고 있다.

남문 근처에도 어린이 동물 농장, 장미 계곡, 테마 초화원, 소풍 마당, 나비식물원·곤충관, SK 광장, 환경관·에너지관, 환경 테마 놀이 시설, 어린이 교통 안전 공원 등이 있고, 정문을 중심으로 수영장이자 물놀이 시설인 아쿠아시스, 울산대공원의 상징인 풍차, 테라스형 소 폭포로 구성된 호랑이 발 테라스, 유아와 어린이들의 행복한 놀이터 산림 놀이 시설, 만국의 숲, 청소년 광장, 대공원 전시관, 어린이 놀이터, 피크닉장, 숲 속 공작실이 있다. 동문을

Info.

빨간색 트램
동문에서 남문까지 편도 3㎞의 대공원을 편리하게 이용할 수 있도록 동문, 정문, 남문 세 정류장을 왕복 운행하는 29인승 트램이 있다. 울산대공원의 명물인 빨간색 트램은 정류장에 붙은 출발 시간을 정확하게 지킨다.
시간 매일 10:00 ~ 17:30에 약 30분 간격으로 운행
휴관일 월요일
요금 성인 600원 / 청소년 500원 / 어린이 300원 / 65세 이상 및 4세 이하 요금 무료

기업 이윤의 사회 환원 차원에서 기증된 공원이라 입장료가 무료이다.

중심으론 용 꼬리 광장, 2,500여 명이 동시에 관람할 수 있는 옥외 공연장, 연꽃 연못, 잉어 물놀이 시설, 잉어 연못, 느티나무 산책로, 아열대 식물원처럼 꾸며진 자연 학습원, 잔디 광장, 용의 발 광장, 현충탑이 있다. 이 중 아쿠아시스, 풍요의 못, 산림 놀이 시설, 풍차, 풍요의 다리, 호랑이 발 테라스, 느티나무 산책로, 연꽃 연못 등은 울산대공원 8경으로 선정되어 있다.

울산대공원은 공원 숲 산책로만 걸어도 3~4시간은 걸릴 정도로 규모가 큰 공원이다. 아이와 함께하는 여행이라면 아이들에게 인기 있는 시설이 밀집한 남문에 차를 주차하고, 남문 근처의 시설을 집중적으로 둘러보는 것이 좋다.

110만 송이 장미의 정원 장미 계곡
체험형 어린이 동물 농장

장미 계곡은 울산대공원을 대표하는 명소로 34만m²의 규모로 조성된 국내 최대의 장미원이다. 전 세계를 대표하는 각국의 대표 장미 110만 송이가 서로의 자태를 뽐내며 피어 있는 모습은 어느 유럽의 궁전 화원 못지않다. 화사한 핑크색의 '자르딘 드 프랑스', 깊이 있는 암적색의 단아함이 일품인 독일 장미 '마리안델', 모나코 레니어드 대공의 즉위 50주년을 기념해 봉정된 백색과 선홍색의 그러데이션이 눈을 사로잡는 화사하고 우아한 '쥬빌레 드 프린스 드 모나코', 연분홍 꽃잎이 청초한 모나코 왕비 그레이스 켈리에게 봉헌된 '프린세스 드 모나코', 2000년 AARS와 이태리 몬자콩쿨에서 수상한 크림 핑크색에서 적홍색으로 물드는 색감이 일품인 미국 장미 '제미니' 등 장미

장미 계곡 곳곳에는 다양한 조형물이 설치되어 장미원 산책길이 더욱 즐겁다.

계곡엔 각국의 대표 장미, 희귀 장미, 경연 대회에서 수상한 장미로 가득하다.

아름다운 장미원의 중심에는 공원에서 볼 수 있는 전형적인 모양의 분수가 있다. 분수는 그리 크지 않지만 아이들이 주변을 떠나지 못할 정도로 인기 있는 시설이며, 초여름의 더위를 식혀 줄 최적의 아이템이기도 하다. 장미 계곡 곳곳에는 다양한 조형물이 설치되어 장미원 산책길이 더욱 즐겁다. 이오니아식 건축 양식의 꽃 회랑과 아이들이 좋아하는 큐피드 조각상, 거대한 하트 조형물, 연인에게 장미꽃을 들고 프러포즈하는 커플상, 초록의 거대한 두 손을 포개 하트 모양을 만들고 있는 아기자기한 조형물은 사람들의 집중적인 사진 세례를 받는 장소이다. 장미원은 5월 말~6월 초 장미 축제 기간에는 무료로 개방되니 꼭 들러 보자.

장미원 인근에는 어린이 동물 농장이 있다. 어린아이들에게 동물을 사랑하는 마음을 심어 주기 위해 만든 동물원으로 토끼, 오리, 미니 피그, 조랑말, 양, 염소, 다람쥐, 일본 원숭이, 사슴, 젖소 등 사람과 친숙하고 안전한 동물만 있다. 비록 사자, 코끼리, 기린같이 큰 동물은 없지만 유아들에게는 오히려 더 친근하다. 어린이 동물 농장에는 다람쥐 사파리장, 염소 방목장 등이 있어서, 주말과 공휴일에는 어린아이들이 동물들에게 직접 먹이를 주며 동물과 접촉할 수 있는 체험의 장이 열린다. 그래서 동물 농장은 아이들에게 특히 인기 만점이다. 아쉽게도 4~7월, 9~10월 매주 토·일, 공휴일에만 운영한다. 하지만 동물원 관람은 공원의 휴관일인 월요일을 제외하면 언제나 가능하다.

비록 사자, 코끼리, 기린같이 큰 동물은 없지만
유아들에게는 오히려 더 친근하다.

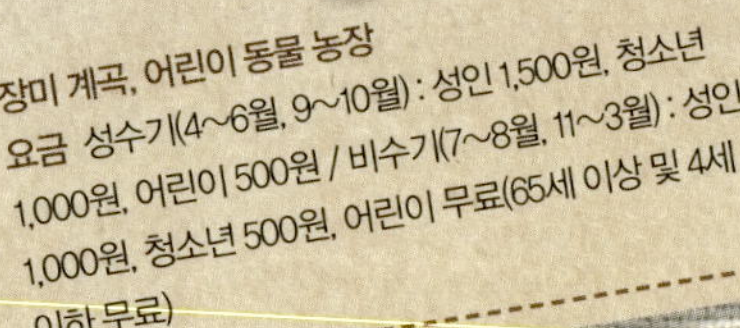

Info.

장미 계곡, 어린이 동물 농장
요금 성수기(4~6월, 9~10월) : 성인 1,500원, 청소년
1,000원, 어린이 500원 / 비수기(7~8월, 11~3월) : 성인
1,000원, 청소년 500원, 어린이 무료(65세 이상 및 4세
이하 무료)

남문 정면에는 벽 분수를 중심으로 사계절 정원으로 꾸며진 SK 광장이 있다. 사계절 정원은 봄이 되면 12만 송이의 튤립이 화사하게 피어나는 명소로, 튤립 축제의 중심이다. SK 광장 분수를 중심으로 좌측으로 나비원·곤충관, 소풍마당, 장미 계곡, 어린이 동물 농장, 테마 초화원이 있다.

이 중 나비원은 50종 300본의 나비 표본을 갖춘 표본실과 모유 수유실, 캐나다의 나비 정원을 벤치마킹해 만든 국내 최대 규모의 나비 온실로 구성되어 있다. 표본 전시실은 전 세계 희귀 나비들을 전시한 곳으로 유모차를 탄 아이들이 볼 수 있도록 눈높이 전시가 되어 있어 아기들도 흥미롭게 관람할 수 있다. 아열대 식물로 꾸며진 아름다운 온실에서는 사계절 8종 1,000여 마리의 나비가 자유롭게 날아다닌다. 날아다니는 나비를 따라 고개를 움직이는 아이의 귀여운 모습을 볼 수 있는 장소다. 나비원의 관람로를 따라나오면 곤충관을 만나게 된다.

곤충관은 기대보다 훨씬 알차게 구성한 곳으로 12개월

Info.

나비원 · 곤충관
성인 2,000원, 청소년 1,500원, 어린이 500원, (65세 이상 및 4세 이하 요금 무료) / 하절기 : 09:30~18:00 (입장 시간 09:30~17:30), 동절기 : 09:30~17:00 (입장 시간 09:30~16:30)

장미원, 어린이 동물 농장, 나비원, 곤충관 동시 관람권
성수기(4~6월, 9~10월) : 성인 2,500원, 청소년 1,500원, 어린이 750원 / 비수기(7~8월, 11~3월) : 성인 2,000원, 청소년 1,000원, 어린이 500원(65세 이상 및 4세 이하 요금 무료)

이하의 아기보다는 두세 돌 정도 된 아이들이 좋아할 만한 장소다. 정밀하게 만든 곤충 모형과 곤충의 소리를 들을 수 있는 시설과 장수풍뎅이를 직접 만져 볼 수 있는 장소로 3~4세의 아이들이 아주 좋아한다.

어린이 동물 농장 위쪽으로는 습지원과 테마 초화원이 있다. 테마 초화원은 유실수원, 야생 초화원, 암석원, 작물원 등으로 구분되어 있는데, 2010년부터 교과서에 나오는 식물들을 식재해 아이들이 관찰할 수 있도록 꾸몄다. 다양한 야생화와 유실수화가 피어나는 봄의 풍경이 아름다운 곳이다.

SK 광장 우측에는 환경·에너지관, 환경 테마 놀이 시설, 어린이 교통안전 시설이 있다. 환경관·에너지관(무료)은 환경과 에너지에 대해서 아이들에게 다시 한번 생각해 보게 하는 교육 시설로 어린 아기보다는 초등학생 이상의 어린이들이 이용하면 좋은 시설이다. 환경 테마 놀이 시설은 놀이를 통해서 자연 현상과 과학 원리를 깨달을 수 있는 뜀동산과 그물 놀이터 등으로 구성된 시설로, 걷고 뛰는 것을 좋아하는 돌 지난 아기들이 무척 좋아하는 시설이다. 어린이들의 교통안전 교육과 체험을 위한 어린이 교통 안전 시설은 유치원생 이상의 아이들이 이용하면 좋은 시설이다.

아쿠아시스에선 물놀이를
피크닉장에선 휴식을

울산대공원의 아쿠아시스는 규모는 작지만 갖출 것은 다 갖춘 워터 파크형 수영장이다. 한번에 1,000명을 수용할 수 있으며, 실내에는 117m의 튜브 슬라이드와 83m의 보디 슬라이드, 규모는 작지만 일곱 가지 파도를 연출하는 인기 만점 파도 풀, 어린이 풀, 스트레스로 뭉친 근육을 풀 수 있는 마사지 풀 등을 갖추며, 실외는 버섯 모양의 작은 폭포를 중심으로 계단식으로 회전하며 물이 흐르는 유수 풀로 구성되어 있다. 야외 시설은 여름에만 개장하므로 문의 후 이용하자.(052-226-0303 / 성인 10,000원, 어린이 7,000원, 36개월 이하는 무료 / 10:00~18:00)

울산대공원은 규모에 걸맞게 피크닉과 소풍 장소, 중간중간 파라솔과 벤치 등이 잘 갖추어져 있다. 특히 남문과 정문 중간에 있는 피크닉장은 잘 가꾸어진 잔디밭과 어린아이들이 좋아할 만한 어린이 놀이터, 실개천, 숲으로 이루어진 매력 만점의 피크닉 장소다. 울산대공원에서 반나절 이상을 보낼 생각이라면 돗자리와 간단한 먹을거리를 가지고 피크닉을 즐기는 것도 여행의 즐거움이 될 것이다.

엄마아빠를 위한 인근 맛집

카리브 레스토랑

가끔 결혼 전을 그리며 로맨틱하고 우아한 이탈리안 레스토랑에서 우아하게 식사하고 싶을 때가 있다. 이런 욕망을 100% 충족시키는 곳이 간절곶 등대 바로 뒤에 있는 카리브 레스토랑이다. (문의 052-239-7000 / 울산광역시 울주군 서생면 대송리 산 109)

간절곶을 바로 앞에 둔 간절곶 해맞이 언덕 위 가장 전망 좋은 곳에 자리하고 있어 풍경이 말할 수 없이 아름답다. 돌이 지난 아기에게는 크림 스파게티를, 돌 전의 아기에게는 전복죽을 시켜 주면 아주 잘 먹는다. (전복죽 18,000원 : 2인 이상 주문 가능) / 돈가스 13,000원, 해산물 스파게티 14,000원)

아이와 함께하는 추천 숙소

동해에서 가장 먼저 해가 뜨는 간절곶에 숙소를 잡아 보자. 답답한 사각의 아파트를 벗어나 거침없이 동해를 붉게 물들이는 태양을 마주할 수 있는 특별한 장소다. 동해의 다른 일출 명소보다 상업화가 덜 되어 있어 생각보다 한적하고 깨끗하다. 과거 간절곶엔 숙박할 만한 곳이 없었지만 얼마 전 예쁜 펜션 두 곳이 문을 열었다. 바다 바로 앞에 그림같이 지어진 티엔느와 해돋이 펜션이 있다.

티엔느

바다가 정면으로 보이는 곳에 있는 로맨틱하고 고급스러운 펜션이다. 일곱 개의 방 중 투 룸으로 구성된 방은 거실에 아이를 눕힐 만한 공간이 있다.(문의 010-3595-3316 / www.tiennepension.co.kr / 울산광역시 울주군 서생면 대송리 171-1)

해돋이 펜션 (052-238-5938)

간절곶 진입로 바로 우측에 있는 편안한 분위기의 목조 펜션으로 족구장, 실내 외 바비큐장, 정자, 텃밭 등을 갖추고 있다. 해돋이 펜션도

아이를 눕힐 만한 충분한 바닥 공간을 갖추고 있다. (울산광역시 울주군 서생면 대송리 156–4)

아 주변에 가 볼 만한 곳

간절곶

동해에서 가장 먼저 해가 뜨는 곳으로 시원하게 펼쳐진 바다와 하얀 등대, 거대한 소망 우체통으로 상징되는 울산의 관광 명소다. 깨끗한 바다와 어우러진 등대와 다양한 조형물이 잠시나마 회색빛 도시 생활을 잊게 한다. 울산에 왔다면 꼭 한 번 들러 볼 만한 곳이다.

장생포 고래 박물관

아이가 있는 부모라면 꼭 가 봐야 할 곳이 있다. 국내 유일의 고래 박물관으로 주민등록증까지 있는 비싼 몸값의 고래들이 살고 있다. 머리 위로 유유히 헤엄치는 고래를 볼 수 있는 인상적인 곳이다.

아이와 테마파크 여행 갈 때 꼭 필요한 준비물

울산대공원에서만 시간을 보낸다면 당일 여행이 좋지만, 울산에는 아이들이 좋아하는 장생포 고래 박물관과 일출 명소 간절곶, 해안 명승지 대왕암 공원 등 볼거리가 많아서 모두 둘러보려면 1박 2일에서 2박 3일 정도로 일정을 짜는 것이 좋다.

당일 여행 준비물 : 카 시트, 유모차, 유모차 무릎 덮개(잠잘 때 이불 대용), 아기 띠, 기저귀 2~3개, 물티슈, 아기 손수건(턱받이), 여분의 옷 한두 벌(여름에는 여분의 옷을 더 많이 준비하는 것이 좋다), 건강보험증, 아이 간식, 물이 담긴 빨대 컵, 계절과 날씨에 따라 모자와 유아용 선크림 추가

워터 파크 준비물 : 유아용 보행기 튜브, 방수 기저귀 2~3개, 일반 기저귀 1개, 수영복과 수영모, 수영 가운, 스포츠 타월 2~3개 또는 일반 수건 2~3개, 비치 타월 1~2개, 유아용 선크림, 물병, 빨대 컵, 아이 간식

피크닉 준비물 : 돗자리, 아이 도시락, 아이 음료, 아이가 먹기 좋게 자른 과일 및 먹을거리, 어른 먹을거리

아이를 위한 여행용 Best Item

유아용 목 베개와 유모차용 입체형 시트

유모차 여행을 위해서라면 6~7개월 이하의 아이에게는 유모차용 입체형 시트를, 그 이상의 아이에게는 유모차용 목 베개를 갖춰 주자.

아이를 유모차에 태워서 오래 돌아다니면 대부분의 아이가 잠이 드는데, 목이 45도 각도로 꺾여 잠든 모습을 보면 엄마들의 마음이 아프다. 이럴 때 준비하면 좋은 것이 유아용 목 베개나 입체형 시트다. 아이가 6~7개월 이하라면 아이의 머리와 어깨, 다리까지 입체적으로 감싸주는 쿠션이 도톰하게 들어간 입체형 시트를 준비하는 것이 좋다. 입체형 시트에 쿠션이 있으면 유모차가 움직일 때 아이의 머리와 전신을 보호할 뿐만 아니라, 아이의 머리를 고정해 주어 아이가 숙면할 수 있다.

여름에는 쿨 매시로 만들어진 마니또 브레시 로열 시트 같은 것이 좋고, 겨울에는 같은 형태의 부드럽고 따뜻한 질감으로 만들어진 시트를 구매하면 좋다.

아이가 자라서 8~9kg에 육박하면 전신 시트는 부피가 있기 때문에 유모차나 카 시트에 사용하기 어려워진다. 이럴 때 사용하면 좋은 것이 유모차용 목 베개다. 유모차용 목 베개는 반달 형태로 된 것을 고르되 아이의 목 뒷부분은 반달의 양 끝보다 부피감이 작은 것을 고르는 것이 좋다. 만약 뒷목 부분의 부피가 똑같은 것을 고르면 아이의 목이 앞으로 꺾여 버린다. 땀을 많이 흘리는 아이들을 위해서 여름에는 유모차에 대나무로 된 쿨매트를 깔아 주는 것도 좋다.

아이를 위한 여행용 먹을거리

베이컨과 당근이 유부초밥에 퐁당! 꼬마 유부초밥

시중에서 판매하는 '꼬마 유부초밥'은 맛도 좋고 만들기도 쉬워서 이유식을 뗀 아이들의 여행용 먹을거리로 좋다. 유부를 물에 살짝 데치면 기름기와 첨가물을 줄일 수 있고, 만들어진 단촛물을 쓰는 것이 꺼림칙하다면 직접 만들어서 쓰면 된다. 반조리된 식품도 잘 찾아보면 만들기도 편하고 위생 상태가 좋은 것도 많다.
유부초밥을 만들 때 아이들이 좋아하는 베이컨 등을 살짝 볶아 넣어 주거나, 아이들이 싫어하는 당근도 아주 작게 잘라서 섞어 넣는 등 다양한 시도를 해 볼 수 있다.

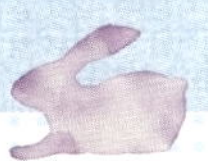

part 2
유아의 호기심과 상상력을
충족시키는 여행지

야경의 도시 진주

아이와 함께 여행 갈 때 반드시 고려해야 하는 것이 몇 가지 있다. 아이가 좋아하는 관광지, 될 수 있으면 온돌이 있는 편안한 잠자리, 여행 중 아이의 먹을거리이다. 진주는 위의 세 가지 조건을 적절히 충족시킬 뿐 아니라 남강과 진주성이 어우러진 화려한 야경, 진양호의 그윽한 일몰을 볼 수 있는 곳이다. 진주에는 아직 걷지 못하는 유아를 데리고 유모차 여행을 하기 좋은 경상남도 수목원, 남강 변 야경 산책로와 진주성, 12개월 이상의 아이들이 너무나 좋아하는 진양호 동물원, 음악 분수 등을 두루 갖추고 있다. 또한, 관광 도시이기에 온돌이 있는 깨끗한 호텔과 교방 문화가 전승되고 있어 화려하고 맛있는 먹을거리가 가득하다.

천 원의 행복!
작지만 알찬 진양호 동물원

진주에는 천 원의 행복을 만끽할 수 있는 동물원이 있다. 경상남도의 유일한 동물원인

Info.

진양호 동물원
주소 경상남도 진주시 판문동 171-1
문의 전화 055-749-2514
입장료 성인 1,000원

진양호 동물원이 그 주인공이다. 진양호 동물원은 그다지 크지 않지만 호랑이, 사자, 곰, 기린 등 작은 동물원에서는 보기 어려운 사파리 동물들이 곳곳에 있어, 아이들의 사랑을 가득 받는 곳이다. 게다가 입장료는 천 원. 수도권에 밀집된 대공원급 동물원의 비싼 입장료를 생각하면 너무나 착한 요금이다. 천 원의 행복을 충분히 누린 후, 일몰 즈음에 진양호 전망대로 이동하자. 아름다운 호수를 감싸는 지리산 줄기 너머로 가라앉는 노을이 눈물나게 아름답다. 게다가 입장료가 없어서 감동이 더하다.

아이가 생기기 전까지는 동물원에 사자, 호랑이, 곰, 기린, 코끼리가 당연히 있어야 한다고 생각했다. 하지만 여러 동물원을 다녀 본 후 알게 된 사실은 대한민국에 위의 구성을 모두 갖춘 동물원이 다섯 손가락에 꼽힌다는 것이다. 또한 대부분이 수도권에 밀집해 있으며 입장료도 만만치 않다. 하지만 진양호 동물원은 코끼리를 제외하면 거의 모든 동물 구성을 갖추고 있다.

1986년 1월 20일 개원한 진양호 동물원은 부산의 더 파크가 개원하기 전까지 경상남도의 유일한 동물원이었다. 진양호 호반의 전망대, 1년 계단, 가족 쉼터, 진주 랜드, 삼림욕장, 자동차 극장, 동물원 등으로 구성된 진양호 공원의 핵심 시설인 진양호 동물원은 진양호의 아름다운 일몰을 볼 수 있는 전망대 바로 밑에 있다. 진양호 동물원의 사자, 호랑이, 낙타, 기린, 곰, 물소, 물개, 원숭이, 사슴, 조랑말, 당나귀, 타조, 조류 등 총 54종 300여 마리의 동물은 오늘도 진양호의 아름다운 낙조를 맞으며 아이 관람객을 반기고 있다.

체험형 어린이 동산

　진양호 동물원 안에는 체험형 동물 농장인 동물 가족 어린이 동산이 있다. 산의 비탈을 이용해 만든 동물 가족 어린이 동산의 커다란 나무 문을 열고 들어서면 염소, 양, 닭, 토끼들이 종을 가리지 않고 한데 섞여 먹고, 놀며 유유히 돌아다닌다. 아이들이 직접 만지고 먹이도 줄 수 있는 이 체험 공간은 동물원 시설 중 가장 인기 있다. 양과 염소의 엉덩이를 끈덕지게 만지며 녀석들의 심기를 건드린 18개월짜리 아들이 양에게 들이받힐 뻔했던 사소한 사건만 뺀다면 어린이 동산은 어린이들의 천국이다.

　숲 속 경사면을 따라 관람로가 나무 데크로 잘 만들어져 한여름에도 더위를 잊을 수 있다. 관람로 아래에는 햇볕을 피해 온 양과 닭들이 사이 좋게 꾸벅이는 모습도 자주 볼 수 있다. 종이 다른 동물들이 사이 좋게 공존하는 모습 또한 상당히 흥미롭다. 어린이 동산에 입장할 때는 정문에 쓰여 있듯이 과자를 가지고 들어가면 안 된다. 과자를 들고 들어갔다간 먹이에 혹한 동물들의 집단 애정 공세에 당황할 수도 있고, 자연식이 아닌 먹이에 동물들이 배앓이를 할 수도 있다.

추천 12개월부터

추천 이유 돌 지난 아이들이 좋아하는 다양한 동물들을
만나볼 수 있는 진양호 동물원과 부모들의 눈과 가슴을
울리는 진양호 일몰을 즐길 수 있는 진양호 전망대가 도
보로 5분 거리로 인접해 있어 부모와 아이 모두 행복해
지는 여행지다.

사람 이외의 생명체에 맹렬한 호기심을 품는 12개월 이상의 유아기에 동물원으로의 여행은 아주 유익하다.
태어나서 처음 보는 동물들은 따뜻한 온기와 귀여운 외모를 가지고 있기에 아이들의 정서 발달에도 좋다.

아이를 키워 본 사람이라면 누구나 알겠지만 호기심으로 똘똘 뭉친 아이들에게 동물은 무조건적인 애정과 관심의 대상이다. 사람 이외의 생명체에게 맹렬한 호기심을 품는 12개월 이상의 유아기에 동물원으로의 여행은 아주 유익하다. 태어나서 처음 보는 동물들은 따뜻한 온기와 귀여운 외모를 가지고 있기에 **아이들의 정서 발달**에도 좋다.

이제 막 그림책을 보면서 사물의 이름을 익히는 시기라면 동물원에 갈 때 동물이 나오는 그림책 한 권을 가지고 가 보자. 그림책의 당나귀를 보여 준 후 실제 당나귀를 보여 주면, 아이가 말을 못하더라도 손가락으로 당나귀와 그림책을 번갈아 찌르며 '나 저거 알아요.' 하는 사인을 맹렬히 보낸다. 이런 식의 언어 습득은 아이에게 빠르고 깊이 있게 동물의 이름을 인지시킬 수 있는 방법이다.

진주에서 빠질 수 없는 베스트 여행지

진주는 야경의 도시로 불릴 정도로 야경이 아름다운 곳이다. 진주로 여행을 왔다면 유모차를 끌고 불 밝힌 남강 변 산책로를 걸어 보자. 진주를 대표하는 명소인 촉석루와 남강을 가로지르는 다리의 화려한 조명이 남강을 아름답게 수놓는다.
촉석루를 등지고 남강 변 산책로의 우측으로 걸으면 음악 분수
가 나온다. 해가 지면 음악과 함께 춤추는 음악 분수가 매시 정
각에서부터 삼십 분까지 아름다운 공연을 펼친다. 아빠의 어깨
위에서 이 신비로운 분수 쇼를 보는 아이들의 눈동자는 고정되어
움직일 줄 모른다.

　　진주성은 절개의 상징인 논개가 몸을 던진 촉석루를 비롯해 진
주 국립 박물관까지 다양한 볼거리가 있는 진주 여행의 핵심이다.
또한 오랜 시간 시민의 사랑을 받으며 관리되어 아름다운 수목들
이 성 안을 포근히 감싸 안고 있다. 완만한 능선을 타고 성을 에
두르는 산책로는 계단도 없고, 고목으로 둘러싸여 유모차 산책
로로도 적당하다. 진주는 먹을거리로도 대한민국에서 손꼽히
는 곳이다. 교방 상차림부터 진주비빔밥, 진주 냉면 등 맛있는 먹을
거리들이 가득하다. 진주에서 남해까지는 차로 한 시간 거리이니, 바
다가 보고 싶다면 가벼운 마음으로 남해로 핸들을 돌리면 된다.

대한민국 최고의 일몰 관측대
진양호 전망대

　　진양호 전망대는 2003년 준공된 하얀 반나선 형태의 전망대로 보통

정자 모양의 전망대보다 훨씬 시원하게 펼쳐진 전망을 제공한다. 총 3층 규모의 전망대는 1층부터 3층까지 오르는 경사로를 따라 전망이 달라진다. 시원하게 펼쳐진 진양호 뒤로는 진양호를 감싸는 지리산, 금오산, 자굴산, 와룡산 등이 굽이굽이 능선의 파도를 만든다. 호수 넘어 굽이치는 능선의 파도 위로 붉은 해가 떨어질 때는 호수 또한 붉게 타오른다. 시시각각 변하는 진양호와 그 뒤의 능선이 만들어 내는 색의 파노라마는 관람객들을 감탄하게 한다.

하부 선착장에서 진양호 전망대까지 이어지는 계단은 365개의 계단으로 이루어져서 1년 계단으로 불린다. 밤이 되면 다채로운 조명이 들어와 호수와 어우러지는 은근한 풍미가 일품이다. 연인들의 데이트 코스로도 주목받고 있다. 하지만 아쉽게도 경사가 급한 편이라 아이를 데리고 오르내리기에는 무리가 있다.

고적한 유모차 여행지
진주성

성이라고 하면 왠지 여행지로는 조금 지루할 것 같은 느낌이 있다. 하지만 진주성은 남강 변 절벽 위에 세워진 성으로 촉석루와 어우러진 남강의 풍광이 아주 근사하다.

성 내부에는 진주성의 상징인 촉석루, 논개가 몸을 던진 의암과 논개 사당인 의기사 등이 있다. 진주성 안의 많은 유적에 관심이 없다면 그저 눈에 들어오는 아름다운 정원에 취해 보자. 진주성 내부는 오랜 세월 가꾸어 온 정원수들이 고목이 되어 매우 아름다운 풍광을 만들어 낸다. 가장 아름다운 정원수들은 과거 경남도청의 정문으로도 쓰였던 영남 포정사 앞에 모여 있다. 유모차를 끌고 성곽을 따라 잘 닦인 도로를 걷다 보면 남강과 어우러진 진주성의 절경에 감탄하게 될 것이다.

진주의 신비로운 야경 명소
춤추는 음악 분수와 남강 변 산책로

남강을 따라 조성된 강변 길은 남강과 어우러진 촉석루와 진주교, 천수교, 장양교 등을 보기에 최적의 장소다. 어둠이 내리고 촉석루와

진주성은 절개의 상징인 논개가 몸을 던진 촉석루를 비롯해 진주 국립 박물관까지 다양한 볼거리가 있는 진주 여행의 핵심이다.

Info.

진주성
주소 경상남도 진주시 본성동
문의 전화 055-749-2480
입장료 성인 2,000원 / 초등학생 600원 / 7세 미만 무료

info.

음악 분수
주소 경상남도 진주시 신안동
문의전화 055 - 749 - 2480
입장료 무료

남강의 다리 위로 화려한 조명이 하나둘 켜지기 시작하면 진주는 화사하게 변모한다. 칠흑같이 변한 남강 위로 다채로운 색으로 화사하게 빛나는 교량과 촉석루가 거울이라도 된 듯 반사되어 비추는 모습은 신비롭다는 말이 부족할 정도다. 촉석루에서 시작한 야간 산책은 음악 분수에서 끝을 맺는 것이 좋다. 진주의 명물인 음악 분수는 진주성의 끝자락 남강 변에 조성되어 있다.

진주의 음악 분수는 다양한 장르의 음악에 맞추어 분수가 이리저리 흔들리고 진주성의 성벽보다 더 높이 쏘아 올려지기도 하는 환상적인 분수 쇼다. 때때마다 변화하는 색의 변화도 음악 분수 쇼의 볼거리 중 하나다. 이 음악 분수는 음악에 맞추어 사람이 수동으로 조명과 함께 분수 모양을 조합하고 연출하는 종합 예술 쇼이다. 입력된 값에 따라 자동으로 모양만 바꾸는 음악 분수와는 차원이 다르다. 동절기를 제외하고는 매일 진행된다.

엄마아빠를 위한 인근 맛집

북으로는 지리산, 남으로는 남해를 두고 있는 진주는 다양한 음식 재료를 구할 수 있는 천혜의 조건을 가졌다. 또한 양반 문화가 발달해 다채로운 음식 문화가 발달했다. 특히 진주 냉면과 진주비빔밥, 진주 교방 상차림, 진주 장어구이는 외지인들의 입맛을 사로잡고 있다.

아리랑 한정식 (055-748-4556)

화려한 교방 문화를 간직한 진주답게 진주는 교방 상차림으로 유명하다. 교방 상차림이란 교방청 기생들이 궁중 연회에 불려 다니면서 왕실과 반가의 상차림에 영향받은 화려한 한정식을 말한다. 진주에서 손꼽는 한정식집으로 대표적인 궁중 요리인 구절판과 신선로를 중심으로 고급스럽고 화려한 한정식을 선보인다. (종류별 1인당 35,000원 / 50,000원 / 70,000원 / 100,000원)

유정 장어 (055-746-9235)

진주는 남강에서 잡아 올린 장어를 연탄불에 구워 먹는 장어구이가 유명하다. 지금은 상수원 보호 지구로 지정되어 남강의 장어로는 요리를 못하지만 진주성 앞 남강 가엔 아직도 장어구이집들이 밀집해, 옛맛을 잇고 있다. (민물장어 25,000원.)

천황 식당 (055-741-2646)

사람들은 진주비빔밥과 전주비빔밥의 차이를 궁금해한다. 진주비빔밥의 핵심은 포탕에 있다. 문어, 새우, 조개, 다시마 등으로 끓인 육수인 포탕을 숙주, 고사리와 같은 잘게 썬 나물과 육회를 얹은 밥 위에 얹어 촉촉하게 비벼 먹는 것이 진주비빔밥의 특징이다. 진주비빔밥 맛집으로는 전주 중앙 시장 안에 있는 천황 식당은 식당을 시작하던 때부터 오십 년이 넘은 지금까지 단층의 개량 한옥 건물을 사용하고 있어 구경하는 재미도 있다. (비빔밥 8,000원)

하연옥 (055-746-0525)

예전부터 미식가들로부터 함흥냉면만큼이나 그 진미를 인정받아 왔던 진주 냉면은 육수가 특별하다. 고기로 육수를 내는 다른 지역의 냉면과 다르게 진주 냉면은 고기와 함께 멸치, 바지락, 홍합, 명태와 같은 해산물을 함께 넣고 만들어 낸다. 고구마와 메밀로 만든 쫄깃한 면 위에 육수를 붓고 화려한 고명을 얹으면 진주 냉면이 완성된다. (물냉면 8,000원 / 비빔냉면 9,000원)

수복 빵집 (055-741-0520)

전주에는 파리바게트나 뚜레쥬르보다 더 유명한 빵집이 있다. 수복 빵집이 그 주인공으로 오십여 년 동안 세대를 초월한 인기를 누리고 있다. 수복 빵집의 주메뉴는 꿀빵과 찐빵이다. 꿀빵은 이름 그대로 한입 크기의 빵 위에 단맛을 내는 꿀 소스를 듬뿍 바른 것으로 통영의 오미사 꿀빵과 비슷하다. 찐빵은 미니 찐빵에 걸쭉한 단팥죽을 뿌려 내오는 것으로 어디에서도 맛보지 못한 특별함이 가득한 간식이다. 인기 있는 집답게 그날 준비한 재료가 떨어지면 영업을 끝내므로 너무 늦게 가지 않는 것이 좋다. (찐빵 3,000원 / 꿀빵 각 5,000원)

아이와 함께하는 추천 숙소

아시아 레이크 사이드 호텔 (055-746-3734)

진주에는 유명한 콘도도 없고, 그럴싸한 특급 호텔도 없다. 하지만 진양호 변 아름다운 일몰을 방 안에서 감상할 수 있는 아시아 레이크사이드 호텔이 있어 아쉬움을 덜 수 있다. 가격 또한 100,000~120,000원 선으로 크게 부담이 없다. 온돌방도 있어 아이와 함께 지내기에 좋은 호텔이다.

동방 호텔 (055-743-0131)

진주 시내 남한강 변에 동방 호텔은 오랜 시간 진주를 대표하는 호텔로 시내의 여러 관광지와 접근성이 좋지만 시설이 낡았다. 1박 기준 100,000원 이상. 온돌방도 있다.

아이와 장거리 여행 갈 때 꼭 필요한 준비물

진주는 남해와 한 시간 거리로 수도권에서 먼 지역이다. 따라서 1박 2일에서 2박 3일 정도의 일정으로 여행을 가는 것이 좋다.

장거리 여행 준비물

비상약 : 해열제, 체온계, 연고, 밴드(연고와 밴드는 걷기 시작한 이후의 아기들에겐 필수지만 그 이전의 아기라면 별 필요가 없다.), 계절에 따라 아기용 벌레 물린 데 바르는 약, 모기 쫓는 패치 등

장거리 여행 아기 용품 : 아기 샴푸, 아기 로션, 아기 옷 세탁 세제, 여벌의 옷, 모자, 모자 달린 재킷(여름이라도 방풍용으로 얇은 긴팔 재킷이 있어야 한다.), 기저귀 다수, 물티슈, 부피가 작고 소리가 나는 아기 장난감, 차에서 틀어 줄 동요 CD

외출 시 항상 휴대하는 필수 아기 용품 : 기저귀 2~3개, 물티슈, 아기 수건(턱받이), 여벌의 옷 한두 벌, 물이 담긴 빨대 컵, 유모차, 카 시트, 아기 띠, 아기 간식, 커버가 있는 아기 스푼 세트, 의료 보험증, 계절에 따라 유아용 선크림과 모자

아이를 위한 여행용 Best Item

등산용 베이비 캐리어

아이들은 돌이 지나면 동물에 많은 관심을 보인다. 이때부터 동물원은 아이들과 함께하는 선호 여행지의 정상에 등극한다. 유모차로는 동물원을 제대로 즐기기기 힘들다. 대부분의 동물원이 유모차의 시선 높이로는 즐길 수 없기 때문이다. 이때 활용하면 좋은 것이 등산용 베이비 캐리어다. 가끔 외국인들이 배낭 같은 데 아이를 넣고 다니는 것을 볼 수 있는데, 이게 베이비 캐리어다. 국내에선 등산용 베이비 캐리어로 알려졌다. 배낭여행용 대형 배낭처럼 생긴 캐리어는 골조가 스테인리스로 튼튼하게 잡혀 있으며, 지지대가 있어 다리를 펴면 의자처럼 세워 둘 수도 있다.

선 후드와 간단한 물품을 넣을 수납공간도 있다. 특히 땀이 많이 나는 여름에 좋다. 여름에 아기 띠를 메면 살이 밀착하기 때문에 아이가 더울 뿐만 아니라 땀이 많이 나 땀띠가 난다. 하지만 베이비 캐리어를 메면 아기와 살이 닿지 않고, 아기의 눈높이가 성인과 같아져서 동물들을 편안하게 관찰할 수 있다.

유아 배낭

아기가 걷고 싶어 한다면 안전 끈이 달린 유아 배낭을 활용하면 좋다. 특히 동물원에서는 안전사고가 날 수 있으므로 그냥 걷게 하는 것보단 유아 배낭을 메게 해서 보호자가 안전 끈으로 유아의 돌발 행동을 조절할 수 있는 게 좋다.

모기 쫓는 패치

식물원과 마찬가지로 동물원도 모기와 같은 해충이 있을 수 있다. 모기가 있는 계절이라면 옷에 부착하는 모기 쫓는 패치 등을 베이비 캐리어, 유아 배낭, 유아의 옷 등에 붙이는 것이 좋다.

장생포 고래 박물관과 고래 바다 여행선

아이들에게 고래는 어떤 의미일까? 영화 〈프리 윌리〉를 보고 자란 우리 세대에게도 고래는 순수한 감성의 상징이다. 둥그런 부리와 아이의 눈동자같이 반짝이는 눈, 아름다운 유선형의 몸체로 기억되는 고래를 볼 수 있는 곳이 2009년 울산 장생포에 문을 열었다. 과거 고래 포경으로 명성을 날렸던 장생포, 그들을 추억하는 고래 박물관 옆에 조성된 국내 유일의 고래 수족관을 갖춘 고래 생태 체험관은 장생포 바다를 코앞에 자리하고 있다. 수족관에 있는 고래를 보는 것만으로 만족하지 못한다면, 고래 유람선을 타 보자. 운이 좋다면 1,000여 마리가 넘는 고래 떼를 만날 수도 있다.

고래들의 고향 장생포 앞에 세워진 고래 생태 박물관에서 살아 있는 고래들과 충분한 교감을 가졌다면 동해의 시원한 매력을 한껏 만끽할 수 있는 간절곶으로 떠나 보자. 떠오르는 동해의 일출을 바라보며 높이 3m의 소망 우체통에 아이와 가족을 위해 또는 자신만을 위한 아름다운 사연을 남겨 두면 수시로 지역 방송에 소개되기도 한다. 고래의 고향 울산으로의 여행은 짙푸른 동해와 붉은 태양, 그리고 고래의 순박한 눈동자가 어우러져 아름다운 추억으로 남을 것이다.

Info.

장생포 고래 박물관
주소 울산광역시 남구 매암동 139-29
문의 전화 052-256-6301
관람 시간 09:30 ~ 18:00(매표 17:00)
휴관일 1월 1일, 설·추석 당일, 매주 월요일, 공휴일
다음 날
입장료 고래 박물관 성인 2,000원 / 고래 생태 체험관
성인 5,000원 / 36개월 이하 무료(4D 영상관을 제외
한 모든 시설)

주민등록증 있는 큰돌고래

2009년 11월 24일 개관한 장생포 고래 생태 체험관에 가면 살아 있는 큰돌고래를 만 날 수 있다. 정식으로 울산 주민등록증에 **주민등록등본까지 있는 이 돌고래**들은 어린이들의 최고 스타이다. 부리도, 눈망울도, 몸체도 동글동글한 돌고래는 어린아이들이 가장 사랑하는 동물 중 하나다..

091008로 시작하는 주민등록증을 소지한 큰돌고래는 세 마리로, 최초로 주민등록증이 발급되었을 때는 돌고래 수가 총 네 마리였으나 안타깝게도 2010년 초, 고이쁜이란 이름을 가졌던 암컷 한 마리가 폐사했다. 그래도 고아롱, 장꽃분, 고다롱이란 예쁜 이름을 가진 나머지 큰돌고래는 잘 적응해 아이들에게 많은 기쁨을 주고 있다. 돌고래들의 가장이자 가구주인 고아롱은 '고래'의 '고' 자를 따서 성을 지었다. 2012년 3월 22일에 이들 가족에게 큰 변화가 생겼다. 장누리, 장두리라는 이름을 가진 예쁜 처제들이 생긴 것이다. 고아롱을 세대주로 한 돌고래 가족의 주민등록등본을 떼어 보면 2012년 3월 22일 전입된 두 처제를 확인할 수 있다. 장생포 민원 출장소에 가면 고아롱을 세대주로 한 주민등록등본을 받을 수 있다.

큰돌고래들이 사는 장생포 고래 생태 체험관은 지하 1층~지상 3층으로 지어졌다. 1층엔 울산 연안의 어종 40여 종과 수초 등을 전시한 연안 바다 전시실과 큰돌고래 세마리가 유영하는 신비로운 모습을 볼 수 있도록 1~2층에 걸쳐 조성된 해저 터널이

주민등록등본까지 있는 이 돌고래들은 어린이들에게 최고 스타이다. 부리도, 눈망울도, 몸체도 동글동글한 돌고래는 어린아이들이 가장 사랑하는 동물 중 하나다.

추천 돌 이후부터
추천 이유 아이들의 돌고래 사랑을 확인할 수 있는 곳으
로 돌 전후의 어린 유아라도 유리 터널에서 유영하는 돌
고래의 아름다움에 속수무책으로 빠져드는 곳이다.
어린아이들을 데리고 이곳저곳 많은 곳을 이동하는 여행
은 바람직하지 않기에 별다른 이동 없이도 아이들과 어른
들의 호기심을 충족시킬 수 있는 고래 박물관과 돌고래
떼를 만나지 못하더라도 시원한 동해를 감상할 수 있는
고래 바다 여행선은 모두에게 좋은 추억이 될 것이다.

있다. 2층에는 향고래와 대왕오징어의 심해 결투 모습을 3D로 상영하면서, 진동과 바람 물방울을 느낄 수 있는 4D 영화관이 있다. 총 상영 시간은 8분이다. 이외에도 2층에는 고래 수족관 상부가 노출되어 있어 물 위로 펄쩍펄쩍 뛰어오르며 장난을 치는 돌고래를 관찰할 수 있다. 뛰어오르는 돌고래를 눈앞에서 목격하면 아이들은 기쁨의 환호성을 지른다. 2층 수조관 옆에 큰돌고래 가족의 주민등록증과 주민등록등본이 커다랗게 붙어 있어 보는 재미가 있다.

고래 생태 체험관의 최대 명소라고 할 수 있는 1층 해저터널에 들어섰다면 **아이를 목말을 태워 보자.** 푸른빛으로 가득 찬 거대한 유리 터널 안에서 유유히 유영하는 돌고래들의 모습에 아이의 시선은 떠날 줄 모른다. 어른도 신기하기는 마찬가지다. 연안 바다 전시실에 가면 아이를 아기 띠에 넣어 앞 보기로 안고 관람시켜 주면 좋다. 부모와 시선의 방향도 같고 관람 높이도 맞아 아이가 흥미로워한다. 아이에게 '물고기가 휘리릭 달아난다.'와 같이 의성어와 사물의 이름이 들어간 문장을 써 가며 이야기를 해 주자. 한참 사물의 이름에 관심을 두고 말을 배우는 시기의 아이들에게 매우 흥미로운 체험 학습이 될 것이다.

고래에 관한 모든 것이 모여 있는
고래 박물관

　　장생포 해양 공원 바닷가에 세워진 고래 박물관은 2005년 5월 31일 문을 열었다. 1986년 상업 포경이 금지되기 전, 국내 최대 포경 전진 기지였던 장생포항의 고래 역사를 한자리에 모아 놓았다. 이곳은 국내 유일의 고래 박물관으로, 새롭게 주목받는 울산의 관광 메카다.

　　지상 4층 건물로 1층에는 어린이를 대상으로 한 전시, 영상물이 중심을 이룬다. 고래 소리를 들으며 바닷속 여행을 할 수 있는 고래 잠수함과 고래와 관련된 지식을 3D 입체 영상으로 관람할 수 있는 3D 입체 영상관, 거대한 고래 뱃속에 들어간 듯한 체험을 할 수 있는 고래 뱃속길 등 어린이들의 호기심을 자극한다. 2층에는 한눈에 시선을 사로잡는 12m가 넘는 거대한 브라이드고래와 범고래 골 표본이 있다. 3층은 귀신고래의 실물 모형이 있는 귀신고래 전시관이다. 귀신고래 전시관 한 켠에 고래 해체 복원관과 고래기름 착유장을 만들어 관람객의 궁금증을 풀어 준다.

　　야외로 나오면 거대한 귀신고래 조형물을 지붕에 이고 있는 매표소와 마지막 포경선 중 하나인 제6진양호, 귀신고래 소리를 내며 파도 속에서 뛰쳐나올 듯한 역동성이 인상적인 '세계로!'란 이름의 조형물과 여러 동상이 아름다운 바닷가 산책로 함께 조화롭게 배치되어 있다.

12m가 넘는 거대한 브라이드고래 골 표본과 그에 필적할 만한 크기를
자랑하는 범고래 표본이 사람들의 시선을 사로잡는다.

Info.

고래 바다 여행선
탐사 시간 4~10월 토, 일 10:00~13:00
문의 전화 052-226-3404, 5674, 5417
인터넷 예약 http://whale.ulsannamgu.go.kr
요금 만 13~64세 20,000원 / 만 4~12세 10,000원/
만 4세 이하 무료

귀신고래를 보려면 울산 바다
고래 바다 여행선

수족관에 있는 큰돌고래만으로 만족하지 못한다면 고래 바다 여행선을 타고 동해로 나가 보자. 겨울철을 제외한 기간에 운행하는 고래 바다 여행선은 운만 좋다면 1,000~2,000마리씩 무리 지어 다니는 참돌고래 떼를 만날 수 있다. 울산 앞바다는 귀신고래가 새끼를 낳기 위해 이동하는 경로로 귀신고래 회귀 해면으로 지정되어 천연기념물로 보호되고 있다. 암초가 많은 바다에 귀신같이 나타난다고 해서 붙여진 이름을 가진 귀신고래는 안타깝게도 멸종 위기 종이어서 그 모습을 보기 어려운 것이 현실이다. 고래를 볼 확률이 30% 정도라는 고래 바다 여행선은 여름철에는 한 달 전에 예약하지 않으면 탈 수 없을 정도로 인기가 많다. 고래 바다 여행선을 타고 고래를 못 본다면 고래 생태 체험관 40% 할인, 또는 고래 박물관을 무료로 관람할 수 있다.

또한 고래를 보지 못해 지루해할 승선객들을 위해 점토로 고래 만들기, 지역 가수들이 출연하는 선상 공연 등 다양한 볼거리와 체험 거리를 제공한다. 예약은 홈페이지로 가능하며, 잔여석은 현장 판매한다. 고래 바다 여행선 선착장은 고래 박물관 인근에 있다.

엄마아빠를 위한 인근 맛집

고래 고기 전문점

장생포는 부위별로 13가지의 맛이 난다는 고래 고기를 먹을 수 있는 국내의 대표적인 지역이다. 장생포 고래 박물관 인근 해안 길에는 고래 고기 음식점들이 밀집해 있다.

고래 고기는 단백질과 철분이 다량 함유되어 있어 빈혈에 좋은 음식이다. 고래 고기는 대부분 고래 생고기, 꼬리 살인 오베기, 갈빗살 수육, 얼린 가슴살인 우네, 고래 창자 등이 모둠으로 나온 후 탕으로 마무리한다.

고래 고기로 가장 유명한 장생포의 맛집으로는 원조 고래 맛집(052–261–5060 / 고래 고기 모둠 소 50,000원)과 고래 할매집(052–258–8081)이 있다.

아이와 함께하는 추천 숙소

동해에서 가장 먼저 해가 뜨는 간절곶에 숙소를 잡아 보자. 간절곶은 답답한 사각의 아파트를 벗어나 거침없이 동해를 붉게 물들이는 태양을 마주할 수 있는 특별한 장소다. 동해의 다른 일출 명소보다 상업화가 덜 되어 있어 생각보다 한적하고 깨끗하다. 과거 간절곶엔 숙박할 만한 곳이 없었지만 얼마 전 예쁜 펜션 두 곳이 문을 열었다.

해돋이 펜션 (052–238–5938)

간절곶 진입로 바로 우측에 있는 편안한 분위기의 목조 펜션으로 족구장, 실내 외 바비큐장, 정자, 텃밭 등을 갖추고 있다. 해돋이 펜션도 아이를 눕힐 만한 충분한 바닥 공간을 갖추고 있다. (울산광역시 울주군 서생면 대송리 156–4)

티엔느

바다가 정면으로 보이는 곳에 있는 로맨틱하고 고급스러운

펜션이다. 일곱 개의 방 중 투 룸으로 구성된 방은 거실에 아이를 눕힐 만한 공간이 있다.(문의 010-3595-3316 / www.tiennepension.co.kr / 울산광역시 울주군 서생면 대송리 171-1)

롯데 호텔 울산 (052-960-1000)

요금이 저렴하지는 않지만 아기 침대 서비스 등 아기와 함께 온 여행객을 위한 서비스가 잘 갖추어져 있다.

주변에 가 볼 만한 곳

간절곶

동해에서 가장 먼저 해가 뜨는 간절곶은 시원한 동해와 하얀 등대, 거대한 소망 우체통으로 상징되는 울산의 관광 명소다. 깨끗한 바다와 어우러진 등대와 다양한 조형물들이 잠시나마 회색빛 도시 생활을 잊게 한다.

대왕암 공원

울산 여행의 특별한 보너스다. 경주의 문무 대왕 수중릉의 주인인 문무왕의 왕비가 묻힌 곳이라고 전해지는 곳으로 대왕암과 탕건암, 남근바위, 용굴 등 다양한 해안 기암괴석들이 수령이 백여 년이 넘어가는 해송과 어우러져 기막힌 절경을 연출한다.

대왕암과 해안은 철교로 이어져 있는데 거친 바다와 어우러진 전경이 빼어나다. 대왕암 공원에 있는 울기 등대는 국내의 대표적인 아름다운 등대로 꼽힌다.

아이와 여행선을 탈 때 꼭 필요한 준비물

고래 박물관, 고래 생태 체험관, 고래 바다 여행선을 함께 즐긴다면 하루 정도의 일정을 예상해야 한다. 고래 바다 여행선을 탈 때 바닷바람으로부터 아이를 가려줄 수 있는 모자 달린 재킷과 안고 있을 경우가 많으므로 아기 띠와 아기 띠 밖으로 바람을 가려 줄 속싸개나 방풍 커버 정도를 가져가는 것이 좋다.

당일 여행 준비물

카 시트, 유모차, 유모차 무릎 덮개(취침 시 이불 대용/ 여름 제외), 아기 띠, 기저귀 2~3 개, 물티슈, 아기 손수건(턱받이), 여벌의 옷 한두 벌(여분의 옷은 여름이 되면 더 많이 준 비하는 것이 좋다.), 건강보험증, 아기 간식, 물이 담긴 빨대 컵, 계절과 날씨에 따라 모 자와 유아용 선크림 추가. 배를 탈 때 반드시 아기 방풍 재킷과 속싸개 정도의 바람 가 리개가 있어야 한다.

아기를 위한 여행용 Best Item

앞 보기용 아기 띠

돌 전 아기와 함께 여행을 간다면 앞 보기용 아기 띠가 유용하다. 아기가 어릴수록 부모와 떨어지길 싫어한다. 그래서 아기들은 유모차에도 오래 앉아 있으려고 하 지 않는다. 뿐만 아니라 유모차의 시선은 너무 낮아 아기들의 호기심을 충족시켜 주 기에 모자란 감이 있다.

특히 아쿠아리움에서 물고기를 볼 때나 동물원에서 동물들을 볼 때 앞 보기용 아기 띠가 있다면 아기들의 호기심을 충분히 충족시켜 줄 수 있다. 하지만 아기들이 성장하 면 아기를 앞으로 두고 아기 띠를 하는 것은 어깨에 큰 부담을 준다. 그래서 많은 엄마 가 아기의 어깨에 부담이 가는 무게가 되면 뒤로도 업을 수 있는 어깨 패드가 두툼한 아기 띠로 교체하기도 한다.

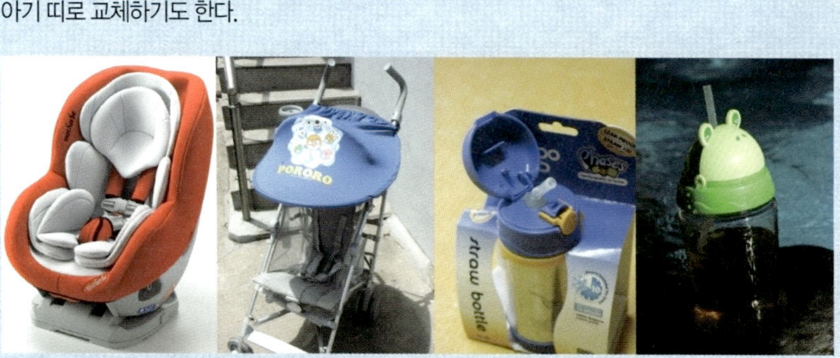

송정 토이 뮤지엄과 송정 해수욕장

31개월의 아들을 데리고 여름 휴가의 최성수기인 8월 초에 해운대로 여행을 가자는, 한 친구의 전화에 질색한 기억이 있다. 해운대는 화려하고 잘 정돈된 최고의 해변 여행지임엔 틀림없지만, 최성수기라면 얘기가 달라진다. 그 시기의 해운대는 젊음과 열정을 폭발시키는 전장과도 같은 곳이다. 특히 무모한 꼬마 모험가들인 31개월의 아들과 함께하는 바다 여행이라면 해운대보단 달맞이 고개를 넘으면 나오는 송정 해수욕장이 훨씬 낫다.

송정 해수욕장은 해운대에 비할 수 없이 조용할 뿐만 아니라 수심이 낮고, 깨끗한 모래사장을 갖추고 있다. 해변의 한쪽 끝에는 푸른 솔숲이 아름다운 죽도 공원이 있다. 죽도 공원과 어우러진 하얀 모래사장의 아

Info.

송정 해수욕장
주소 부산광역시 해운대구 송정동 712-2
문의 전화 송정 관광 안내소 051-749-5705

입장료 없음

름다운 풍광은 동양화 한 폭을 떼어 놓은 듯하다. 하지만 아이들과의 바다 여행에서 송정 해변이 좋은 이유는 이곳에 토이 뮤지엄이 있기 때문이다. 토이 뮤지엄은 장난감 박물관으로 유명한 파주 헤이리의 한립 토이 뮤지엄보다 규모나 전시 수준 면에서 나을 뿐만 아니라, 통유리를 통해서 송정 해수욕장이 한눈에 들어오는 전경이 아주 근사한 곳이다.

바닷가에서 시원한 해방감을 만끽한 후 토이 뮤지엄에서 아이들만의 유토피아를 경험하게 해 준다면 아이의 기억 속에 아주 행복한 하루로 기억될 것이다. 송정 해변은 기장군과 부산시의 경계에 있다. 차로 10여 분만 달리면 기장 재래시장을 방문할 수 있다. 기장 재래시장은 미역과 다시마로 유명한 기장의 해산물을 취급하는 곳으로 시골 재래시장 중에서는 수위에 꼽힐 정도로 활기찬 분위기를 가지고 있다. 게다가 대게 골목이 있어 더욱 입맛을 다시게 하는 곳이다. 어린아이들에게 재래시장의 다양한 산물을 보여 주고, 체험하게 한 후 기장 미역과 다시마를 한 다발 사 들고 돌아오는 엄마의 마음은 더없이 유쾌할 것이다.

해운대에서 달맞이 고개의 환상적인 벚꽃 길을 내려오면 바로 마주하게 되는 곳이 송정 해수욕장이다. 너비 57m, 총 길이 1.2㎞의 모래사장이 있는 송정 해변은 수심이 얕고 물이 맑아 아이들과 함께하는 바닷가 여행지로 적격이다. 송정 해변은 해운대의 화려함은 느낄 수 없지만, 해변의 끝에 푸른 솔 숲과 죽도 공원이 있어 낭만적이다.

추천 18개월부터
추천 이유 송정 해수욕장은 수심이 낮아 유아들이 뛰어다니고 모래 놀이를 하기에 좋다. 18개월보다 어린아는 해변에서 놀다가 잠들어 버리거나, 보채면 바로 숙소로 들어갈 수 있는 해운대 해수욕장이 좋다. 송정 해수욕장은 해변에 인접해 실내 놀이터를 겸하는 토이 뮤지엄이 있어서 탐구심과 활동력 강한 18개월 이상의 유아들과 함께하기에 추천할 만한 여행지다.

송정 해수욕장은 해운대에 비할 수 없이 조용할 뿐만 아니라 수심이 낮고, 깨끗한 모래사장이 있다.

죽도는 과거에 대나무가 많다 하여 붙여진 이름이지만 현재는 대나무보다 소나무가 우거져 있다. 조선 시대에는 이곳의 대나무로 좌수영의 화살을 만들었다고 한다. 대나무로 푸른 물결을 이루던 죽도는 수많은 시인 묵객의 시심을 자극하던 곳이다. 현재도 잘 가꾸어진 산책길을 따라 올라 죽도 공원 정상에 이르면 송일정이라 불리는 정자가 있다. 바다와 하늘의 경계가 없어진 듯 보이는 시원한 전망은 이곳만의 특별함이다.

죽도 공원은 은밀하고 낭만적인 분위기로 부산 지역에 사는 젊은이들의 단골 데이트 장소다. 유모차를 끌기는 어렵지만 거리가 짧아 해변에서 재미있게 시간을 보낸 후 따가운 햇볕을 피해 산책 산아 오르기 좋은 곳이다. 탁 트인 전망을 자랑하는 송일정은 일출과 일몰 명승지이기도 하다.

죽도 공원 인근에는 횟집촌도 잘 형성되어 있는데 해운대 일대보다 싼 가격에 자연산 회를 맛볼 수 있다. 아이들과 함께 모래 놀이와 물놀이를 실컷 즐긴 후 해변에서 가까운 토이 뮤지엄으로 이동해 보자. 총 7층 건물에 아이들만을 위한 장난감과 놀이 시설로 가득하다.

Info.

송정 토이 뮤지엄
주소 부산광역시 해운대구 송정동 312-10
문의 전화 051-702-0891
관람시간 10:30~18:00 (입장 마감 16:30)
휴관일 월요일
입장료 어린이 8,000원 / 성인 6,000원

유아들을 대상으로 하는 놀이 시설과 전시물이 많아 36개월 이전의 아이들에게 아주 즐거운 곳이다.

유아들을 위한 최고의 놀이터
송정 토이 뮤지엄

　　송정에 있는 토이 뮤지엄은 국내에 있는 몇몇 장난감 박물관과 비교해 보았을 때 전시의 수준이나 시설의 규모 면에서 매우 알찬 구성을 갖추고 있다. 더불어 송정 해수욕장을 향해 서 있는 총 8층의 건물은 전면이 전부 통유리로 되어 있어 환상적인 전망을 자랑한다. 로비인 1층을 제외한 2층부터 7층까지는 아이들을 위한 전시장과 놀이 시설로 꽉 차 있다. 송정의 토이 뮤지엄은 특히 유아들을 대상으로 하는 놀이 시설과 전시물이 많아 **36개월 이전의 아이들**에게 아주 즐거운 곳이다.

　　2층 영화의 나라는 건담, 쿵푸 판다, 스타 워즈, 슈렉, 배트맨, 캐러비안의 해적들, 로보트 태권 V, 로보캅 등 친숙한 영화 속 캐릭터들이 인형으로 재현된 곳이다. 아이들보다 어른들이 더욱 좋아하는 공간이다. 3층 모형의 나라는 초등학생 정도의 남자아이들이 열광할 만한 곳으로 람보르기니, 포르셰 등의 세계 명차 모형과 정교한 모형의 전 세계 비행기가 전시되어 있다. 전시장 중앙을 차지하고 있는 레이싱 코스에서는 무선 조정 카를 직접 조정해 볼 수 있다.

　　4층은 공작의 나라다. 기어의 원리를 적용한 빙빙 블록을 가지고 다양한 모형을 만들 수 있는 곳으로, 특히 남자아이들에

게 인기 있는 곳이다. 아이들이 편하게 블록 놀이를 할 수 있도록
아이의 앉은 자세에 맞춰 제작한 의자와 테이블이 가득하다. 공
작의 나라 벽면에 있는 만화 캐릭터 존에는 미니어처로 만들
어진 수백 개의 만화 캐릭터가 있다.

5층의 인형의 나라는 유아들이 좋아하는 아기자기
한 인형이 가득하다. 전시장의 한 코너에는 한국의 전통 인
형부터 세계의 인형이 다양하게 전시되어 있다. 이외에도
수많은 만화 캐릭터를 아기 손바닥보다 작은 크기로 만들어 전
시한 코너도 있으며, 보기만 해도 행복해지는 폭신폭신 귀여운
곰돌이들이 한쪽 벽면을 가득 차지하고 있다. 다른 코너에서는 미
키 마우스, 방귀 대장 뿡뿡이, 아기 공룡 둘리, 키티, 곰돌이 푸,
뿌까뿌까 등 만화 캐릭터 인형들이 아이들을 유혹한다. 슬프게
도 만져 보지 못하게 접근 방지선이 쳐 있어, 아이들의 몸을
달게 하는 곳이기도 하다.

인형 테마 동산의 한구석에는 아이들이 마음 놓고 인형 놀
이를 할 수 있도록 다양한 인형을 비치해 놓았다. 36개월 이하
의 유아들이 놀기에 더없이 좋은 곳이다.

6층은 놀이의 나라다. 송정 해수욕장이 한눈에 들어오는 환
상적인 조망의 5층과 마찬가지로 전면이 통유리로 되어 있다. 넓
은 공간에 아기 미끄럼틀, 미니 하우스, 아이들이 좋아하는 미니

자동차와 다양한 탈것이 있다. 반대편에는 여자아이들이 꿈꾸는 공주님 방과 남자아이의 방이 멋지게 꾸며져 있다.

7층은 국산 캐릭터 홍보관이다. 뽀로로, 로보카 폴리, 캐니멀 등 아이들에게 폭발적인 인기를 얻는 국산 애니메이션 캐릭터가 한자리에 모여 있다. 성인 크기만한 캐릭터들이 놓여 있어 사진 찍기 좋다. 8층은 국산 캐릭터를 활용한 다양한 캐릭터 용품을 전시하고 판매하는 곳이다.

9층 바다 정원은 부모들에게 가장 사랑받는 곳이다. 송정해변이 보이는 바다 정원 의자에 앉으면 푸른 송정 해변이 한눈에 들어온다.

대게 먹고, 미역 사고, 펄떡이는 해산물 구경에 시간 가는 줄 모르는 기장 재래시장

아이들에게 살아 있는 현장 학습을 시켜 주기에 가장 좋은 곳이 재래시장이다. 많은 사람이 활기차게 물건을 사고파는 모습은 아이들의 호기심을 자극할 뿐만 아니라 생선, 채소, 과일 등 일명 빨간 고무 대야에 담긴 물건은 살아 있는 생활 학습서다. 기장 시장은 비릿한 바다 냄새와 사람 냄새로 언제나 활기차다. 대변항과 주변 농가에서 가져오는 싱싱한 해산물과 농산물을 사기 위해서 먼 곳에서 달려오는 사람들도 많다.

특히, 기장 시장은 세 가지로 유명하다. 기장 다시마, 기장 미역, 기장 멸치. 이 중 특히 기장 다시마가 유명하다. 값도 싸서 나는 이곳에 들를 때마다 푸짐히 사서 주위에

아이들에게 살아 있는 현장 학습을 시켜 주기에 가장 좋은 곳이 재래시장이다.

나눠 준다. 기장 미역은 미역국을 끓이면 풀리지 않고 쫄깃하다고 해서 일명 쫄쫄이 미역이라 불린다. 기장 멸치는 국물을 내는 멸치가 아니다. 기장에서 잡히는 멸치는 제법 덩치가 커서 멸치 회를 해 먹는다. 고소한 맛이 일품으로 해마다 봄이 되면 기장 멸치 축제가 벌어진다.

최근에는 기장 대게 골목 때문에 기장 시장을 찾는 사람들이 많아졌다. 아이들도 좋아하는 대게는 1kg을 기준으로 판매하는데, 제법 긴 대게 골목 가득 대게집들이 늘어서 있다. 가게마다 긴 수족관을 상점 앞에 놓고 대게를 가득 쌓아 놓고 있어, 아이들의 눈요깃거리가 풍성하다. 요즘은 대부분 러시아산 대게를 판매하지만, 숙련된 전문가가 솜씨 있게 삶고 다듬어 대게 골목을 다시 찾게 할 정도로 맛이 좋다. 아이들도 부드럽고 달콤한 대게 살을 잘 먹어 가족 외식 거리로 좋다. 대게 시가는 매일 다르다. 주차장은 기장 시장 공영 주차장을 이용하는 것이 좋다. 시장 인근에는 주차할 곳이 없다. 주차장에서 시장까지는 도보로 약 5분이 소요된다.

엄마아빠를 위한 인근 맛집

싱싱 대게 (051-724-4420)

기장 시장의 대게 골목 안에 있는 싱싱 대게는 여러 곳에서 택배로 대게를 주문해 먹을 정도로 유명하다. 기본으로 대게 죽이 나오는데 싱싱한 대게 살로만 만들어 고소하고 달콤하다. 아이들이 먹기에도 아주 좋은 메뉴다. 대게를 다 먹으면 볶음밥을 주문하면 좋다. 대게 내장과 김, 참기름을 넣고 잘 비벼 게딱지에 소복이 담아 주는 볶음밥이 아주 먹음직스럽다.

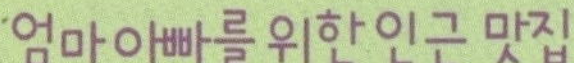

흙 시루 (051-721-1377)

기장에 있는 아이와 함께 가기 좋은 한정식집으로 유명한 곳이다. 부산광역시에서 세 손가락 안에 들 정도로 유명한 한정식집이다. 민속촌처럼 꾸며진 식당은 민속관까지 있어 아이들의 볼거리가 풍성하다. 유명한 집이므로 주말에는 예약은 필수다. (흙 시루 2인 밥상 35,000원 / 3인 이상 1인 요금 15,000원 / 단호박 유황 오리 48,000원)

해녀촌

바닷가에 와서 회를 안 먹으면 왠지 밥 먹고 양치를 안 한 듯한 찝찝함이 드는 것이 한국인의 정서다. 기장에서는 싼 가격에 해산물과 전복죽을 맛볼 수 있는 해녀촌이 있다. 대변항 인근 연화리의 해녀촌에 가면 개불, 멍게, 소라, 낙지, 멸치 회 등 푸짐한 해산물 모둠을 3만 원에 맛볼 수 있다. 은퇴한 해녀들이 운영하는 해녀촌은 허름한 포장촌이다. 어린아이에게는 몸에 좋은 전복죽 한 그릇을 시켜 주고, 어른들을 위해서는 해산물과 낙지 한 접시를 시켜 먹으면 싼 가격에 푸짐한 식사를 할 수 있다.

아이와 함께하는 추천 숙소

송정 해수욕장 인근에도 모텔급 숙소와 민박은 많은 편이다. 하지만 숙소의 질을 따진다면 해운대에 밀집해 있는 특급 호텔들과 레지던스, 콘도를 따라갈 수는 없다. 이 중 아이와 함께 묵기에는 콘도나 레지던스가 좋다.

팔레 드 시즈 콘도 (051-746-1010)

해운대에서 가장 최근에 지어진 콘도다. 2008년 오픈한 곳으로 14평에서 141평까지 다양한 평수의 객실을 보유하고 있다. 해운대 해수욕장 바로 앞에 지어져 전망도 근사하다. (전화 051-746-1010)

씨 클라우드 (051-933-1000)

해운대에서 비교적 저렴한 가격에 깨끗한 시설을 갖춘 레지던스로 꼽힌다. 카펫이 아닌 마룻바닥에 간단한 취사 시설과 세탁기까지 갖추고 있어 아이와 함께하는 숙박지로 좋다. 시설이 있는 방과 없는 방이 있으니 체크 인 할 때 세탁기와 취사 시설이 있는 방으로 배정해 달라고 요구해야 한다. 도로 하나를 사이에 두고 해변에서 떨어져 있지만 고층에선 해변을 조망할 수 있다.

파라다이스 호텔 부산 (051-742-2121)

해운대 해변에 위치한 호텔 중에서도 정중앙에 있어서 가장 전망이 좋다. 파라다이스 호텔의 바다 쪽 객실에서 바라보는 바다 전경은 가슴 뻥 뚫리는 해방감을 선사한다.

주변에 가 볼 만한 곳

대변항 (051-721-8888)

기장에는 멸치항으로 유명한 대변항이 있다. 영화 〈친구〉의 촬영지로 젖병 등대, 월드컵 등대 등 색다른 등대가 다섯 개나 있는 이색 항구 여행지다. 봄에 대변항을 찾으면 평소에는 보기 어려운 멸치털이를 볼 수 있다.

해동 용궁사 (051-722-7744)

바다를 법당 안으로 끌어들인 듯 바다에 가까이 있어 유명하다. 한번쯤은 둘러보면 좋은 사찰이지만, 계단이 많으니 아이와 갈 때 유모차는 두고 가는 것이 좋다.

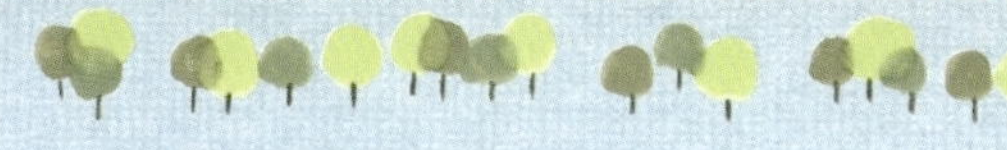

아이와 바닷가로 여행갈 때 꼭 필요한 준비물

아이가 18개월 이하라면 바닷가로 여행을 가도 바닷물에 아이의 전신을 담글 일은 별로 없다. 그래서 수영복이 특별히 필요 없다. 하지만 만약 아이와 함께 바다에 들어갈 계획이라면 햇볕 가리개가 있는 보행기 튜브와 방수 기저귀, 수영복 등을 챙겨 간다. 해변에서 장시간 있을 생각이라면 자외선으로 인한 화상의 위험이 있으므로 아이에게 민소매 옷보다는 통풍이 잘되는 소재의 반소매을 입히는 것이 좋다.

장거리 여행 준비물

비상약 : 해열제, 체온계, 연고, 밴드(연고와 밴드는 걷기 시작한 이후의 아기들에겐 필수지만 그 이전의 아기라면 별 필요가 없다.), 계절에 따라 아기용 벌레 물린 데 바르는 약, 모기 쫓는 패치 등

장거리 여행 아기 용품 : 아기 샴푸, 아기 로션, 아기 옷 세탁 세제, 여벌의 옷, 모자, 모자 달린 재킷(여름이라도 방풍용으로 얇은 긴팔 재킷이 있어야 한다.), 기저귀 다수, 물티슈, 부피가 작고 소리가 나는 아기 장난감들, 차에서 틀어 줄 동요 CD

외출 시 항상 휴대하는 필수 아기 용품 : 기저귀 2~3개, 물티슈, 아기 수건(턱받이), 여벌의 옷 한두 벌, 유모차, 카 시트, 아기 띠, 물이 담긴 빨대 컵, 아기 간식, 커버가 있는 아기 스푼 세트, 건강보험증, 계절에 따라 유아용 선크림과 모자.

해변놀이 준비물 : 모래 놀이 세트, 고무 샌들, 모자, 선크림, 수건, 갈아입힐 옷

해수욕 준비물 : 보행기 튜브, 방수 기저귀, 수영복. 비치 타월, 수건 다수

아기를 위한 여행용 Best Item

모래 놀이 세트

아이와 바닷가로 여행 갈 때는 모래 놀이 세트를 반드시 가져가야 한다. 어린 아이들은 물놀이보다 모래사장에서 모래 놀이를 하는 것을 더 좋아한다. 그래서 모래 놀이 세트를 가져가지 않으면 아이와 놀아 줄 때 어려움이 많다.

모래 놀이 세트는 조금 비싸더라도 가방이 있는 것이 좋다. 조금 고가의 모래 놀이 세트는 비닐 가방에 담아서 판매한다. 모래 놀이 세트는 삽, 모래 긁개, 물조리, 모양 찍기 틀, 플라스틱 바구니 등 많은 품목으로 구성되어 있어 가방이 없으면 사용 후 보관할 때 여기저기 흐트러져 모아 두기가 어렵다.

아기를 위한 여행용 먹을거리

베이비 이온음료

아이의 몸은 85%가 수분으로 이루어져 수분의 배출 속도가 성인보다 빠르다. 그래서 여름철에 여행 갈 때는 수분을 자주 보충해 주어야 한다.

해변에 갈 때는 보냉이 되는 스테인리스 빨대 컵에 시원한 생수를 담아 가는 것이 좋다. 추가로 물보다 흡수가 빠른 베이비 이온음료도 보냉 가방에 몇 병 가지고 가서 필요할 때마다 먹이는 것이 좋다.

남이섬

남이섬이 아기와 함께하는 유모차 여행지로 좋은 이유 중 하나는 완만한 평지이기 때문이다. 대부분의 수목원이나 허브 랜드는 산에 조성되어 있어 아이를 데리고 다니기에 어려움이 있다. 하지만 남이섬은 어느 산책길을 걸어도 평탄하다. 거기에 더해 남이섬에는 울창한 가로수 길을 따라 달리는 칙칙폭폭 유니세프 미니 기차와 이탈리아 장인이 디자인한 미니카, 4인 가족이 함께 탈 수 있는 마차 형식의 가족 자전거 등 아이와 함께 남이섬의 아름다움을 즐길 수 있는 많은 레저 시설이 있다.

넓은 북한강 한가운데 푸른 고래 등처럼 솟은 남이섬은 하늘을 향해 끝없이 뻗은 다양한 수종의 가로수와 피크닉 장소로 최적의 조건인 드넓은 잔디밭이 있다. 예술과 자연을 사랑하는 사람들이 가꾸고 있는 남이섬은 가족들을 위한 최고의 고품격 문화·생태 공원이다.

Info.

주소 경기도 가평군 가평읍 달전리 144
문의 전화 031-580-8114
관람 시간 7:30 ~ 21:40
휴관일 연중 무휴
입장료 왕복 도선료 포함 성인 10,000원 / 만 3~4세 4,000원 /
36개월 이하 무료

작품이다. 하지만 이 또한 남이섬을 찾는 이들에게는 남이섬을 더욱 특별하게 만들어 주는 요소가 된다.

한번쯤 걸어 보아야 할 섬 속 가로수 길
메타세쿼이아, 은행나무, 자작나무 길

바스락거리는 낙엽을 밟으며 호수 변 자작나무 길을 걸어 보고 싶을 때 찾으면 좋은 곳이 남이섬이다. 남이섬의 모든 길은 흙길이다. 남이섬은 아이와 함께 흙길을 밟으며 울창한 가로수의 호위 속에서 유유히 산책을 즐기기에 가장 좋은 곳이다.

섬을 감싸 안고 있는 5km에 이르는 호수 변 산책길은 굴피나무 길, 잣나무 길, 계수나무 길, 편백 길, 수양 벚나무 길, 자작나무 길 등 다양한 수종의 가로수 길로 빈틈없이 이어져 있다. 아이와 함께 가로수 길을 걸으면 강바람에 흔들리는 나뭇잎 소리와 숲과 강에서 뿜어져 나오는 청량한 기운 속에서 몸과 마음 모두 건강해지는 듯하다. 남이섬은 가을이 되어도 낙엽을 치우지 않는 것으로 유명하다. 심지어 서울시 송파구의 낙엽들을 모아와 쌓아 놓기까지 한다. 가을 끝자락 낙엽 태우는 낭만마저 엿볼 수 있는 남이섬은 봄의 벚나무, 여름의 메타세쿼이아, 가을의 은행나무, 겨울엔 나무에 맺힌 눈꽃으로 유명하다.

가장 유명한 가로수 길은 섬의 중앙에 있는 메타세쿼이아 길과 중앙 은행나무 길이다. 메타세쿼이아 길은 드라마 〈겨울 연가〉의 촬영지로, 세계적인 관광 명소가 되었다. 가로수 길이 끝나는 곳에는 북한강의 푸른 물이 넘실거려 보는 이의 감탄을 자아낸다.

호수 변의 잣나무 길과 자작나무길은 연인들의 단골 산책로로 한적하고 로맨틱하다.

메타세쿼이아 길 끝에 맞닿은 중앙 은행나무 길은 가을이 되면 노란색 폭죽을 터트린 듯 온통 노란색으로 물든다. 노란 은행잎에 햇빛이 투영되는 가을 한낮의 풍경은 가슴 설레게 낭만적이다.

$5km$에 이르는 강변 산책로의 가로수 길 중 잣나무 길과 자작나무 길, 별장 지대의 별장 샛길이 특히 볼 만하다. 좁은 나무 데크로 만들어진 별장 샛길은 너무 좁아 유모차를 몰 수 없다. 하지만 어느 길보다 호수 변에 가까이 맞닿은 이 오솔길은 과감히 유모차를 포기할 수 있을 정도로 매력적이다. 여건만 된다면 강변 샛길의 주인장처럼 호수가 바라보이는 멋진 전경을 가진 별장 마을에서 하루쯤 묵었으면 좋겠다. 호수 변의 잣나무 길과 자작나무 길은 연인들의 단골 산책로로 한적하고 로맨틱하다.

유니세프 어린이 친화 공원으로 인증받은 운치원

남이섬은 세계에서 14번째, 한국에서는 최초로 유니세프 어린이 친화 공원(Unicef Child Friendly Park)으로 인증받았다. '어린이는 단순한 보호 대상이 아닌 존엄성과 권리를 가진 주체이다.'라는 유니세프의 이념에 맞는 공원으로 인정받았고, 남이섬은 이를 기념해서 친환경적이고 안전한 놀이터를 남이섬에 만들었다. 아이들이 구름처럼 모여든다는 뜻을 가진 운치원(雲稚園)이 그 주인공. 푸른 소나무 아래 자리 잡은 나무 미끄럼틀을 중심으로 바이크 센터(자전거), 트라이웨이(서서 타는 전기 자전거), 하늘 자전거

(스카이 사이클), 나마이카(미니카) 전용도로 등이 있다. 이 중 어린아이들과 함께 즐기기 좋은 것으로는 마차형 가족 자전거와 6m 높이의 하늘 레일을 달리는 하늘 자전저, 이탈리아 장인의 예술혼이 돋보이는 미니카인 나마이 카가 있다.

이탈리아 장인이 디자인한 **미니카 &**
마차형 **가족 자전거**

남이섬에는 다양한 수종의 산책로뿐만 아니라 아이들과 즐길 거리와 놀거리도 많다. 이 중 대표적인 것이 이탈리아의 장인이 디자인한 미니카인 나마이 카다. 6세 이하는 부모와 함께 타야 하는 이 미니카는 어린 남자아이들의 로망이다. 나마이 카를 타고 운치원의 나마이 카 전용 도로를 달려 보자. 생각보다 훨씬 재미있다. 어른들이 보기에도 예술적이고 깜찍한 나마이 카는 시속 $4km$ 이상 나지 않는 저속 차이고, 장애물 감지 센서까지 있어 아이들도 안전하다.(30분 10,000원 / 장군터 옆에서 대여)

4인용 마차형 가족 자전거는 가장 좋은 전망을 자랑하는 자전거 전면부에 아이 전용 좌석이 있다. 그래서 부모는 페달을 밟느라 조금 힘들지만, 아이들은 시야가 탁 트여 행복한 자전거 하이킹을 즐길 수 있다. 언제나 유모차 높이의 세상에 답답했을 아이를 위해서 아이와 함께 남이섬의 아름다운 호수 변 산책로를 달려 보자. 북한강과 어우러진 수목이 그림 같다. (30분 10,000원 / 중앙 광장 바이크 센터에서 대여)

추천 4개월부터
추천 이유 섬 전체가 경사가 없는 완만한 지형으로 유모
차를 끌기에 좋으며, 다양한 수종의 아름다운 산책길이
잘 조성되어 있다.
호수와 나무, 예술이 공존하는 남이섬 안에는 아이들이
좋아할 만한 다양한 체험형 레저 시설들이 잘 조성되어
있다.

드넓은 잔디밭에서 즐기는 **피크닉 &**
나눔의 미덕을 실천하는 **유니세프 나눔 열차**

남이섬의 반 이상을 차지하는 것이 잔디밭이다. 남이섬의 푸른 잔디밭은 모든 이들에게 개방된 공간이다. 수십 년 동안 가꾸어 온 울창한 나무숲이 드리우는 그늘과 쓰레기 한 점 보이지 않게 잘 정돈된 잔디밭은 아이들이 마음껏 뛰어놀 수 있는 자연 놀이터이자 피크닉장이다. 돗자리가 없어도 걱정할 필요 없다. 잔디밭의 가장자리 곳곳에는 피크닉을 즐기기에 알맞은 튼튼한 목재로 만든 나무 테이블과 좌석들이 잘 갖추어져 있다.

칙칙폭폭! 선착장 입구에서 섬 중앙까지 이동하는 유니세프 나눔 열차는 모든 수익을 한국 유니세프에 기증한다. 그래서 유니세프 나눔 열차다. 이 앙증맞은 미니 기차를 타면 아름다운 가로수 길, 넓은 잔디밭, 〈겨울 연가〉의 첫 키스 장소를 볼 수 있다. 힘들이지 않고 남이섬의 아름다운 전경을 관찰할 수 있는 미니 열차의 요금은 편도 2,000원이다. 남이 장군 묘 앞과 중앙 광장 부근에서 탈 수 있다.

남이섬에서 꼭 보아야 할 **명소**

남이섬에는 조그마한 나무 조각 하나 허투로 쓰인 것이 없다. 예술가의 정성이 담긴 수십 개의 안내 표지판을 바라보면 남이섬에 얼마나 많은 볼거리가 있는지 알게 된다. 이 중 위에서 언급한 곳을 제외하고도 꼭 보아야 할 명소가 많다. 남이섬을 전 세계적인 명소로 만든 〈겨울 연가〉의 제작 발표회가 열린 곳이자 드라마 촬영 때 베이스캠프로 이용된 드라마 카페 '연가지가'. 연가지가 옆엔 〈겨울 연가〉의 포토 갤러리가 있다. 연가지가의 추억의 김치 도시락 '벤또'는 오래전부터 남이섬의 대표적인 이색 먹을 거리다. 이벤트 홀에서 잔디밭 너머로는 〈겨울 연가〉 주인공의 첫 키스 장소가 나온다. 눈밭에서 눈사람을 만들며 나누었던 첫 키스를 기억하는 많은 사람이 찾는 곳이다.

연가지가 근처에는 위칭청 행복 예술관이 있다. 2008년부터 중국의 대표적인 진흙 인형 예술가인 위칭청(于慶成, 1944~) 선생의 진흙 인형을 전시하는 행복원으로 변신했다. 중국 총리가 외국의 원수에게 전달하는 선물을 제작, 담당하는 예술가 중 한 명일 정도로 유명한 중국의 진흙 인형 예술가의 작품을 입장료 없이 관람할 수 있다.

사진전, 그림전 등 다양한 상설 전시와 유니세프 후원금 모금을 위해 유아용 장난감, 조각 퍼즐 등을 판매하는 유니세프 홀은 나루터에서 중앙 광장으로 가는 길가에 있어 찾기도 쉽고, 수유실이 있어 한 번쯤 들러볼 만하다. 노래 박물관은 류훙쥔 세계 민족 악기 전시관과 해와 달 라이브 갤러리, 200석 규모의 다목적 콘서트 홀인 매직 홀, 야외무대 등을 갖추고 휴식과 문화 체험을 함께하는 복합 공간이다.

남이섬은 2002년부터 도자기 체험을 진행했는데 경험이 쌓여 2011년 4월 남예 도예원으로 개장했다. 이곳은 나미나라 문화 작가로 활동하는 예술가들의 작품을 전시하고 판매하는 문화 공간으로, 도자기를 굽는 남이요와 내요도 같이 운영히고 있다.

남이섬의 명소를 소개하면서 남이섬이란 이름을 갖게 한 남이 장군 묘를 빼놓을 수 없다. 태종의 외증손인 남이 장군은 17세에 무과에 장원 급제하고 26세에 병조 판서를 지낼 정도로 특출한 인물이었다. 사내다운 호쾌한 기질이 강했던 그는 세조의 특별한 사랑을 받았는데 이를 시기한 유자광이 그가 여진정벌 때 지은 시조에서 미평국(未平國)을 미득국(未得國)으로 바꾸어 역모로 모함했다. 이 때문에 예종 때 처형당한 남이 장군의 시신이 그의 유배지였던 남이섬 한편 돌무더기에 묻혀 있다는 말들이 오랜 세월 동안 전해 내려오고 있다. 현재의 묘는 그 돌무더기 위에 흙을 덮어 만든 것이다.

白頭山石磨刀盡　(백두산의 돌은 칼 가는 데에 다 닳아 버렸고)
頭滿江水飮馬無　(두만강의 물은 말이 마셔 말라 버렸구나)
南兒二十未平國　(사나이 스물에 나라를 평정하지 못하면)
後世誰稱大丈夫　(후세에 어느 누가 대장부라 일컬으리)

남이섬의 명소를 소개하면서 남이섬이란 이름을 갖게 한 남이 장군 묘를 빼놓을 수 없다.

엄마 아빠를 위한 인근 맛집

남이섬은 푸른 나무와 넓은 잔디밭이 가득한 예술 공원이니 간단한 음식을 가지고 와서 낭만적인 피크닉을 즐겨 보는 것도 좋다. 하지만 남이섬만큼 먹을거리가 다양하게 잘 갖춰진 관광지도 드물다.

밥플렉스가 있기 때문이다. 밥과 멀티플렉스를 합친 합성어인 밥플렉스에는 중국 10대 중식당으로 손꼽히는 화자이웬과 합작 운영되는 화자이웬(花家怡園) 남이섬점과(031-580-8081, 8082) 일본식 라면과 덮밥 전문점인 휴유소나(031-580-8099), 대학로의 나폴리 피자 맛집으로 유명한 디마떼오(031-582-8822), 카페 어뮤즈(031-580-8098), 〈겨울 연가〉의 제작 발표회와 베이스캠프로 사용되었던 드라마 카페 연가지가 등이 있다. 밥플렉스 이외에도 원두커피 전문점이 있는 메이 하우스 푸드코트, 섬 향기, 고목 식당, 한식당 남문, 유기농 식당 에코 카페 호반새 등 다양한 종류의 식당과 카페가 있다.

연가지가 (031-582-2550)

밥, 달걀, 김치가 담긴 양철 도시락을 흔들어 비벼 먹는 이색 먹을거리 벤또(4,000원)로 유명하다.

섬 향기 (031-581-2189)

닭 가슴살과 닭 다리살을 얇게 펴서 소고기 굽듯 구워 채소와 함께 먹는 남이섬식 닭갈비로 유명하다. 설렁탕은 아이와 함께 먹기 좋은 음식으로 한우 1등급 고기만을 고집해서 국물을 우려낸다.

고목 식당 (031-582-4443)

남이섬 안에서 강원도 음식을 전문으로 하는 토속 식당이다.

아이와 함께하는 추천 숙소

나미나라 국립 호텔 정관루와 부속 별장

숙소로는 여러 예술가의 손길로 갤러리 호텔로 재탄생한 나미나라 국립 호텔인 정관루와 부속 별장들이 아주 매력적이다. 이 중 다섯 채의 투투 별장은 모두 2인용으로 북한강을 마주 보고 있어 전경이 매우 아름답고, 별장마다 야외 테이블과 테라스를 갖추고 있다. 자연을 벗 삼아 낭만과 휴식을 취하라는 뜻으로 텔레비전을 없앤 별장 안에는 벽난로와 라디오가 있다. 인기가 좋아 예약해야 한다. (031-580-8000 / 투투 별장 평일 80,000원, 주말 110,000원)

여덟 채의 콘도 별장은 5인에서 14인용까지 있다. 투투 별장과 마찬가지로 텔레비전과 인터넷을 사용할 수 없지만, 취사와 바비큐가 가능한 콘도형 별장이다. (160,000원~380,000원)

숲 속의 호수 (www.forestlake.co.kr / 011-9026-3011)

남이섬과 아침고요 수목원의 중간에 있다. 울창한 숲을 등지고 호숫가에 그림같이 있는 전망 좋은 펜션이다.

주변에 가 볼 만한 곳

쁘띠 프랑스 (031-584-8200 / 성인 8,000원)

프랑스 테마 마을. 그리스의 산토리니 섬을 연상시킬 정도로 낭만적으로 조성된 곳이지만, 계단과 경사로가 많아 아이와 함께 가는 여행지로는 좀 불편하다.

아침고요 수목원 (1544-6703 / 성인 8,000원)

원예 미학의 절정을 보여주는 곳으로 계곡과 숲, 정원의 조화가 뛰어나다.

아이와 당일 코스로 소풍 갈 때 꼭 필요한 준비물

남이섬만 본다면 당일 여행지이므로 간단한 외출 준비 정도면 된다.

준비물 : 기저귀 2~3개, 물티슈, 아기 손수건(턱받이 대용), 모자, 선크림, 여벌의 옷 한두 벌, 유모차용 무릎 덮개(취침 시 이불 대용), 휴대용 유모차, 아이가 넘어졌을 때 발라 줄 연고 및 밴드, 건강보험증, 물이 담긴 빨대 컵, 아기 간식, 여행용 목 베개

피크닉 준비물 : 돗자리, 물, 음료, 바나나 같은 영양 높고 휴대가 편한 과일, 아기 도시락

아기를 위한 여행용 Best Item

바나나 케이스

여행 시 항상 휴대하고 다니는 것이 좋은 아기 간식용 바나나는 잘 찌그러진다. 또한 찌그러진 부위는 쉽게 상해 먹을 수가 없으므로 유모차 바구니나 가방에 넣을 때는 바나나 케이스에 넣어서 다니는 게 좋다. 바나나 케이스는 대형 마트에서 쉽게 살 수 있다.

아기를 위한 여행용 먹을거리

아기의 비상식량, 바나나와 물

유모차 바구니나 엄마의 가방에 항상 들어 있어야 하는 비상 식량은 바나나와 물이다. 먹을거리가 가득 든 보냉 가방은 차에서 내릴 때 보통 가지고 내리지 않는다.

하지만 여행 시에 차에서 내릴 때는 항상 바나나와 물, 이 두 가지 정도는 휴대하는 것이 좋다. 아이는 신체의 약 85%가 수분으로 구성되어 있어 어른보다 자주 수분을 보충해 주어야 한다. 또한, 아이가 잔디밭을 뛰어다니거나 한참 돌아다닌 후에는 무언가를 찾을 때가 많다. 이때를 위해서 항상 영양 과일인 바나나 1~2개 정도는 휴대하는 것이 좋다.

생태 테마 공원 대구 허브힐즈

아이와 함께하는 여행지 중 가장 좋은 곳으로는 동물원과 식물원, 허브 농원, 어린이 놀이동산, 동물 쇼 등이 있다. 대구 허브힐즈는 115만여m²의 울창한 수림 속에 이 모든 것을 다 갖추고 있다. 입구의 메타세쿼이아 가로수 길로 입장하면 어린이들을 위한 모든 것이 있는 판타지 월드가 펼쳐진다. 이곳저곳 이동할 필요 없이 한곳에서 모든 것을 보고, 듣고, 체험할 수 있는 대구 허브힐즈는 18개월 이상 취학 전 아이들을 데리고 여행하기에 좋은 곳이다.

아이와 함께 메타세쿼이아 길과 홍단풍 길에서 삼림욕에 취해 보고, 꼬마 기차를 타며 토마스 기관사가 되어 보고, 물개가 인사하는 애니멀 쇼를 즐긴 후 쥬쥬 랜드에서 토실토실한 양에게 당근을 주어 보자. 허브힐즈 놀이터에서 허브 향에 둘러싸여 미끄럼틀을 타고, 허브힐즈 로맨틱 가든에서 아기자기한 사진을 찍다 보면 즐거움이 가슴 가득 찰랑거릴 것이다. 허브 화원에서는 직접 허브 꽃도 심어 보자. 평소 꽃가지를 휘어잡던 아이가 보물인 양 작은 화분을 보듬는 모습을 볼 땐 저절로 미소가 지어진다.

MONMARJON
Info.
주소 대구광역시 달성군 가창면 용계리 534-1번지
문의 전화 053-767-6300
관람 시간 평일 09:30~18:00 / 주말, 공휴일 09:30~19:00
(계절별로 다름)
휴관일 연중무휴
입장료 성인 주중 7,000원 / 주말 8,000원 / 36개월 이하 무료

전 세계의 꽃을 종류별로 모아 놓은
국내 최대 규모의 **화훼 농원**

허브힐즈의 모태는 1976년 개장한 냉천 자연원으로, 냉천 자연 랜드란 이름을 거쳐 2005년 전면적인 재단장 후 허브힐즈로 재개장했다. 작은 계곡이 흐르는 거대한 수림 속에 위치한 대구 허브힐즈는 크게 여섯 개의 영역으로 나눌 수 있다.

힐즈 로맨틱 가든으로 대표되는 허브 향기 구역, 삼림욕이 가능한 메타세쿼이아 길과 홍단풍 길이 중심인 삼림욕 구역, 어린이들의 놀이 시설이 밀집된 놀이동산, 체험형 동물 농장 쥬쥬 랜드와 애니멀 쇼로 대표되는 동물 영역, 자연 속에서 즐길 수 있는 레포츠 에코 어드벤처, 허브 용품과 아기자기한 생활용품을 만들어 볼 수 있는 체험 교실로 나눌 수 있다. 허브힐즈는 어린아이들과 함께 오는 가족들을 대상으로 하는 특화된 테마 랜드로 수도권의 입장료 비싼 유명한 곳과 비교해도 모자람 없는 알찬 구성을 갖추고 있다.

아이들의 로망! **움직이는 태권 V가 있는**
미니 놀이동산

입장하면 바로 허브힐즈의 상징인 메타세쿼이아 길이 보인다. 허브힐즈는 경사가 제법 있는 산을 개발해 만든 테마 공원이어서, 경사로를 따라 심어진 이곳의 메타세쿼이아는 남이섬이나 담양의 나무보다 더욱 커 보인다. 허브힐즈의 메타세쿼이아 가로수에는 아이들이 좋아하는 나비 수십 마리가 나풀거리며 매달려 있어, 이곳을 지나는

추천 18개월부터

추천 이유 허브힐즈는 잘 걷는 아이들을 위한 다양한
놀거리와 볼거리가 가득한 곳이다. 체험형 동물원에서
귀여운 동물들을 만져 보고, 먹이도 주고, 유아와 아동
을 대상으로 하는 작은 놀이동산에서 로버트 태권 V에
타 보기도 하면서 하루를 신나게 즐길 수 있다.
뿐만 아니라 허브 정원, 홍단풍 길, 메타세쿼이아 길 등
은 어느 유명 수목원과 비교해도 떨어지지 않는 수준이
다. 이외에도 정말 하루가 모자랄 정도의 다양한 체험
거리와 볼거리가 있기에 돌 전의 걷지 못하는 아기보다
는 잘 걷고, 뛰는 아기와 함께하는 것이 더 흥미로운 곳
이다.

허브힐즈는 어린아이들과 함께 오는 가족들을 대상으로 하는 특화된 테마 랜드로 수도권의 입장료 비싼 유
명한 곳들과 비교해도 모자람 없는 알찬 구성을 갖추고 있다.

177

범퍼카와 미니 기차 등 소인국의 교통수단처럼 보이는 아기자기한 탈것이 있어 취학 전 아이들이 즐겁게 즐길 수 있는 곳이다.

아이라면 누구나 고개를 들고 쳐다본다. 길을 따라 걷다 보면 왼편으로 남자아이들이 좋아하는 작은 놀이동산이 나온다. 어디서 이렇게 작은 것들을 구했을까 싶을 정도로 모든 놀이 기구들이 유아와 아동을 대상으로 한 듯 아기자기하고 귀엽다.

가장 눈에 띄는 것은 미니 바이킹과 어릴 적 꿈꿔 왔던 움직이는 태권 V다. 내가 조금만 작았으면 꼭 타 보았을 태권 V의 조정석은 호빗 족이 아닌 한 유치원생 이상은 타지 못할 듯하다. 남자아이들은 자동차에 매우 열광한다. 버스, 트럭, 경찰차 등 종류를 불문하고 몰입하는 것이 자동차다. 이곳에 있는 미니 붕붕카를 본 많은 아이가 떼를 쓰며 자동차를 타겠다고 한다. 아직 말을 잘 못하는 아이들은 드러눕는다. 그래서 절대 그냥은 못 지나가도록 이렇게 길가에 놀이동산을 만들었나 보다.

토마스와 친구들을 보며 자란 아이들은 미니 기차 또한 매우 좋아한다. 붕붕 카와 미니 기차 등 소인국의 교통수단처럼 보이는 아기자기한 탈것이 있어 취학 전 아이들이 재미있게 즐길 수 있는 곳이다. 이외에도 회전목마, 범퍼카가 있다. 36개월 이하의 아이는 모든 놀이 기구를 어른과 함께 타야 한다. (요금 2,500~3,500원)

신기한 **애니멀 쇼와**
체험형 동물원 **쥬쥬 랜드**

아이들은 돌 정도 되면 동물을 정말 좋아한다. 그래서 이 시기부터는 동물원과 체험형 동물 농장으로 여행을 가면 좋다. 허브힐즈의 애니멀 쇼는 자연 속에서 동물들과 행복하게 살던 타잔과 제인이 숲 속 파괴자가 나타나자 동물 친구들과 힘을 합쳐 자연을 지킨다는 이야기다. 관람객들과의 인사와 악수 정도는 쉽게 해치우는 영리한 물개와 말하는 앵무새, 영특한 원숭이의 재주가 이어질 때마다 아이들의 탄성이 터져 나온다. 관람을 마치고 나오면 쥬쥬 랜드로 이어진다.

허브힐즈의 체험형 동물 농장 쥬쥬 랜드는 경기도 일산의 테마 동물원 쥬쥬와 비슷하다. 그곳의 장점만을 쏙 뽑아 와 축소해 조성한 듯하다. 규모가 작지만 흠잡을 데 없을 만큼 알차게 구성되어 있다. 토끼, 오리, 거위, 당나귀, 조랑말, 일본원숭이, 원앙, 꽃사슴, 면양, 무플런, 돼지꼬리원숭이, 조류, 돼지, 아티, 라쿤, 프레리독, 페릿, 스컹크 등 30여 종 100여 마리의 동물이 있는데, 관리가 잘되어 있어 눈이 반짝거리며 토실토실 건강하다. 아이들에게 인기 있는 양과 토끼들은 우리 밖을 돌아다니며 아이들의 힘찬 포옹과 토닥임을 받는다. 사육사들이 아이들과의 접촉을 생각해 양을 깨끗이 씻겨서 지저분하지 않다.

어린아이들에게는 큰 동물원보다 자신의 눈높이에 맞는 작은 동물들을 만져 보고 눈 맞출 수 있는 작은 규모의 동물원이 좋다. 쥬쥬 랜드의 중앙에서는 사육사들이 동물

아이들에게 인기 있는 양과 토끼들은 우리 밖을 돌아다니며 아이들의 힘찬 포옹과 토닥임을 받는다.

들이 좋아하는 당근과 배추, 사과 등을 썰어 종이컵에 담아
천 원에 판매한다. 이 채소 한 컵이면 쥬쥬 랜드의 모든 동
물을 유혹할 수 있다.

쥬쥬 랜드의 입구에는 새점을 보는 곳이 있다. 단돈 천
원으로 연애운 등 다양한 분야의 점을 칠 수 있다. 원하는 분
야의 바구니를 선택하면 작은 새가 운세가 적힌 종이를 물어
와 손바닥 위에 올린다. 아이들도 매우 신기해하며 좋아한다. 하루에도
몇 차례씩 거위, 미니돼지, 양들이 허브힐즈를 누비며 로드 쇼를 한다. 동물
들 뒤를 피리 부는 아저씨에 나오는 아이들처럼 홀린 듯 따라가는 아이들의 모습이 귀
엽기 그지없다.

힐즈 로맨틱 가든과
허브 농장 놀이터

허브힐즈의 중심, 허브 정원의 힐즈 로맨틱 가든은 말 그대로 로맨
틱하다. 수십 종의 허브가 서로의 향을 뽐내며 아기자기하고 예쁜 정
원을 꾸미고 있다. 힐즈 로맨틱 가든 곳곳에는 아이들을 위한 미끄럼
틀, 목마, 시소, 릴렉스 그네 등이 설치되어 있다. 허브로 둘러싸인
놀이 기구는 주로 나무로 만들어져 친환경적이고 포근한 분위기를
풍긴다.

힐즈 로맨틱 가든 곳곳에는 아이들이 좋아할 만한 다양한 조형물과 허브, 꽃, 놀이 기구가 잘 갖춰져 있다.
잘 닦인 정원로를 따라 아이들이 자유롭게 뛰어다니며 허브를 보고, 만지고, 향기를 맡으며 행복해한다.

힐즈 로맨틱 가든 곳곳에는 아이들이 좋아할 만한 다양한 조형물과 허브, 꽃, 놀이 기구가 잘 갖춰져 있다. 잘 닦인 정원로를 따라 아이들이 자유롭게 뛰어다니며 허브를 보고, 만지고, 향기 맡으며 행복해한다. 그러다 놀이 기구라도 만나면 허브를 휘돌아 놀이 기구로 뛰어든다. 예쁘게 꾸며 놓은 곳이 많아 사진 찍기 좋은 곳이다.

야외 결혼식이 열리는 힐즈 로맨틱 가든에서 흔들 다리로 연결된 약속 정원은 결혼식이 없을 때는 관광객들의 사진 촬영 명소다. 허브 정원이 한눈에 내려다보이는 전망대와 허브 포프리가 가득한 향기방, 허브 숍과 리빙 숍 앞의 허브 족욕탕, 아이들의 키에 맞춰 조성된 정원과 나무 가옥이 앙증맞은 호빗 하우스는 꼭 눈도장을 찍어야 하는 곳이다. 허브 정원을 돌아다니다 목이 마르면 정원 한편에 있는 몽마르종이라는 야외 카페를 이용하면 된다.

메타세쿼이아 길, 홍단풍 길, 녹차원에선 산책을, 삼림욕장에선 피크닉과 휴식을

허브힐즈는 깨끗한 산소 저장소 같은 곳이다. 150만여m²의 울창한 수림 속에 테마 공원으로 조성된 곳이라 어딜 가나 삼림욕을 하는 기분이다. 삼림욕을 하며 산책을 즐기기에는 메타세쿼이아 길도 좋고, 홍단풍 길도 좋다. 메타세쿼이아 길은 허브힐즈의 상징 같은 길이지만 호젓한 산책을 즐기기에는 홍단풍 길이 더 낫다. 특히 가을이 되면 홍단풍 길의 하늘이 타오르는 듯한 착시를 불러일으킬 정도로 단풍이 곱다. 단풍이 절정인 시기가 되면 단풍 축제가 벌어진다. 홍단풍 길은 자동차가 다녀도 될 정도의 넓은

산책로를 아스팔트가 아닌 흙으로 잘 다져 놓았다. 유모차를 끌거나 걷기에도 좋다.

산책길의 끝에서 산 정상 쪽으로 오르면 숲 삼림욕장이다. 숲과 계곡물에서 발생하는 피톤치드와 음이온이 가슴 구석구석을 깨끗하게 청소해 주는 듯하다. 남문 앞에 있는 피톤치드 광장은 2,000석의 야외 공연장이 있는 피크닉 장소다. 울창한 솔 숲 안에는 공간이 널찍널찍하게 자리하고 있다. 한여름이라도 울창한 솔 숲 안으로는 햇볕이 못 들어올 정도로 숲이 우거져 있으며 허브힐즈를 가로지르는 계곡이 있어 시원하다.

BABY TRAVELING TIPS

1. 허브힐즈의 단점이라고 할 수 있는 것이 주차장이다. 정문의 주차장은 협소하고 시설도 잘 조성되어 있지 않다. 정문 주차장이 너무 번잡스럽다면 남문 주차장을 이용하면 된다. 남문에서 매표하고 들어오면 정문에서 입장하는 순서와 정반대로 관람할 수 있다.

2. 만약 돗자리가 없는데 아이를 데리고 좀 쉬고 싶을 때 이용하면 좋은 곳이 녹차원의 정자와 농경 민속 체험장 위쪽에 있는 정자다.

3. 허브힐즈는 산속에 조성한 테마 공원이어서 다른 곳과 비교하면 경사가 좀 있는 편이다. 대부분 길이 유모차를 끌고 다니기 좋지만, 녹차원이나 농경 민속 체험장이 있는 산의 높은 쪽 구역들은 주로 계단으로 되어 있어 유모차 끌기가 어렵다. 그래서 허브힐즈에 올 때는 아기 띠와 함께 어깨에 메고 다닐 수 있는 가벼운 휴대용 유모차를 가져오는 것이 좋다.

4. 허브힐즈는 허브 압화 공예, 허브 꽃 심기, 천연 허브 비누, 허브 향초, 나무 문패, 나무 메모장, 차량용 나무 번호판, 동물 옷걸이, 목공 DIY, 도예, 토피어리, 비즈 공예 등 다양한 체험 프로그램을 갖추고 있다. 이 중 아이들과 함께하면 좋은 체험 프로그램으로 허브 압화 공예와 허브 꽃 심기가 있다. 체험 프로그램마다 체험비가 다르지만 입장할 때 체험 코스가 포함된 패키지 표를 구매하면 저렴하게 체험할 수 있다.

엄마 아빠를 위한 인근 맛집

허브힐즈 안에는 직접 기른 허브로 만든 허브 비빔밥(8,000원)과 허브 돈가스(8,000원)로 유명한 〈허브네〉가 있으며, 허브힐즈를 가로지르는 계곡 옆에 예쁘게 지어진 나무 데크의 힐즈 테라스에는 BHC 치킨이 입점해 있어 간단하게 요기하기 좋다.

또한 남문 앞의 삼림욕장에선 피크닉을 할 수 있으니 간단한 음식을 싸 와서 먹어도 좋다. 하지만 허브힐즈가 있는 대구광역시 달성군 가창면은 대구 사람들이 허브힐즈와 스파 밸리 등으로 근교 나들이를 오는 곳이기에 맛집도 꽤 많아서 밖으로 이동해서 식사하는 것도 좋다.

큰나무집 (053-793-2000)

아이와 함께 외식하기 좋은 곳으로, 압력 밥솥에 닭 한 마리와 인삼, 대추, 생강, 당기, 청궁 등 24가지 한약재를 넣고 푹 삶아 내는 궁중 약백숙으로 유명하다. 오랜 시간 압력밥솥으로 삶아 육질이 부드러워 아이들도 잘 먹는다. 특히 고기를 다 먹은 다음, 압력 밭솥에 깔린 찹쌀, 율무, 녹두, 차수수, 흑임자, 호두, 은행, 잣으로 끓여 낸 죽은 최고의 건강식이자 아이들에게도 좋은 음식이다. 푹 고아진 닭 국물에 몸에 좋은 다양한 곡물을 넣어서 끓인 죽은, 이유식 대신 아기들에게 먹여도 좋다.

KBS 2TV 〈VJ 특공대〉 등 매스컴에도 자주 노출된 유명한 집이어서 주말에 갈 때는 꼭 예약해야 한다.(궁중 약백숙 소 32,000원)

대자연 생수 식당 (053-768-6333)

허브힐즈에서 청도 방면으로 가다 보면 30여 곳의 음식점들이 모여 있는 우록리 먹을거리촌이 나온다. 음식점이 한 곳에 오글오글 모여 있는 곳은 아니지만 이 시골 마을 곳곳에 음식점들이 숨어 있다. 이 중 한 곳인 대자연 생수 식당은 촌닭구이로 유명하다. 매콤달콤하게 양념된 뼈 없는 닭을 돌판에 지글지글 구워 먹는 음식으로 식욕을 자극한다. 고기를 먹은 후 볶아 먹는 볶음밥도 맛있다. 단, 아이들이 먹기에는 부담이 있다. (촌닭구이 한 마리 35,000원)

소문난 집 (053-768-5769)

대구 가창 냉천에서 대구 쪽으로 가는 국도 변에 만둣집들이 모여 있다. 이 중 가장 유명한 곳은 간판에 '대구에서 유명한 소문난 집'이라고 쓰여 있는 곳이다. 진짜로 대구에서 유명한 소문난 집이다. 찐빵과 왕만두, 찐만두 세 가지 메뉴가 있는데 모두 유명하다. 찐빵은 박스로 사 가는 사람들이 많다. 피크닉 음식으로 사서 허브힐즈 피크닉 장소에서 먹어도 좋다.(찐빵 5개 2,500원, 왕만두 5개 2,500원, 찐교스 10개 2,500원 / 가창 면사무소 앞)

아이와 함께하는 추천 숙소

비슬산 자연 휴양림 (053-614-5481/ www.dalseong.daegu.kr/bisulsan)

허브힐즈가 위치한 달성군에는 유명한 콘도나 호텔이 없다. 하지만 좋은 대안이 한군데 있다. 달성군에서 운영하는 비슬산 자연 휴양림이다. 진정한 삼림욕을 즐길 수 있는 곳으로 취사가 가능한 4~6인용의 통나무집이 평일 4만 원, 주말 · 공휴일 · 성수기에 6만 원이다. 숙소로 통나무집 10동, 콘도형 2동 13실, 청소년 수련장 1동을 갖추고 있으며 인터넷 예약을 해야 한다.

주변에 가 볼 만한 곳

스파 밸리 (053-608-5000)

어린아이와 함께라면 허브힐즈 한 곳만으로도 하루 나들이 코스는 충분하다. 하지만 1박 2일 일정을 예상한다면 인근의 스파 밸리와 연계하면 좋다. 이곳은 여름철 야외 시설을 오픈하면 더욱 매력적으로 변모한다. 스릴 만점의 슬라이드뿐 아니라 아이들을 위한 유아 풀, 유수 풀, 야외 물놀이터인 정글 아쿠아 등이 있어 가족들이 함께 즐기기에 좋다.

달성 공원 (053-554-7907 ~8)

대구 시내에 있다. 넓은 공원은 잘 가꾸어져 있으며 공원 내 동물원이 있어 아이들과의 나들이 장소로도 좋다. 비록 시설이 오래되고 동물들도 좀 늙어 보이지만, 무료입장에 큰 동물원에나 가야 볼 수 있는 코끼리, 호랑이 등이 있어 매력적이다.

아이와 생태 테마 공원으로 여행 갈 때 꼭 필요한 준비물

허브힐즈만 본다면 당일 여행으로 적합한 여행지이므로 간단한 외출 준비 정도면 된다. 좋은 피크닉 장소가 있는 곳이므로 피크닉 준비를 해 가는 것도 좋다.

준비물 : 기저귀 2~3개, 물티슈, 아기 손수건(턱받이 대용), 모자, 여벌의 옷 한두 벌, 아기 무릎 덮개(취침 시 이불 대용), 휴대용 유모차, 아기 띠, 아이가 넘어졌을 때 발라 줄 연고 및 밴드, 건강보험증, 계절과 날씨에 따라 유아용 선크림, 물과 빨대 컵, 아기 간식

피크닉 준비물 : 돗자리, 아기 도시락과 간식, 아기 음료

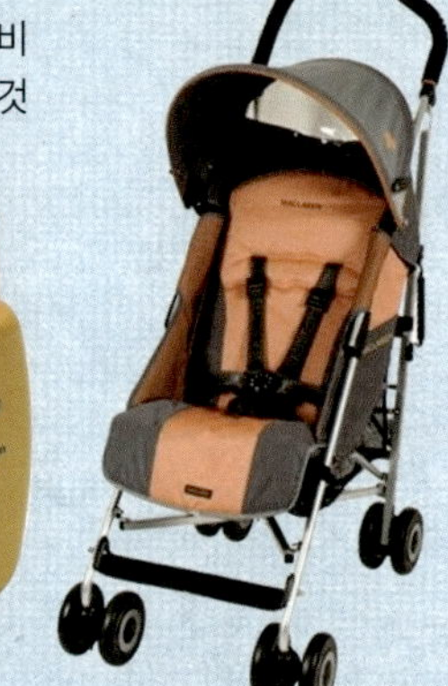

아기를 위한 여행용 Best Item

무릎 보호대

무릎 보호대는 특히 여름철 야외로 외출할 때 이용하면 좋다. 반바지를 입고 야외로 나갈 때 아이들은 뛰다가 넘어지고, 일어서다 넘어져 무릎이 성할 날이 없다. 얌전한 성격의 아이라면 크게 효용이 없겠지만 이곳저곳 많이 뛰어다니는 아이라면 꼭 필요하다. 인터넷에서는 5,000원 이하로 구매할 수 있다.

아기를 위한 여행용 먹을거리

자동차 여행 시 좋은 간식 : 오징어

이가 난 아기라면 자동차 안에서 줄 간식으로 오징어가 좋다. 오랜 자동차 여행에 지루해하는 아기들을 달랠 때는 간식을 주거나 장난감 등으로 관심을 돌려야 한다. 이때 휴게소에서 파는 오징어 한 조각을 떼서 물려 주어도 좋지만, 일본 와코루사에서는 과자처럼 먹을 수 있는 아기용 오징어를 출시하고 있다. 대형 마트에서 구입 가능하다.

아기들의 씹는 행위는 두뇌 발달에도 좋고, 씹는 것에 집중하느라 떼도 잘 안 부린다.

파주 출판도시

아직 어린이날이 무엇인지도 모르는 어린아이와 함께하는 어린이날 외출로 좋은 곳이 어디일까? 어린이날 동물원과 놀이동산에 간다는 것은 사람 구경만 하겠다는 말과 같다. 그래서 선택한 곳이 파주 출판도시. 파주 출판도시에서는 어린이날이 되면 대부분의 동화책 출판사에서 대규모의 할인 행사와 이벤트를 연다. 아이들은 25~30개월에 책에 많은 흥미를 느낀다. 그래서 아이가 태어난 지 3개월 후부터 꾸준히 그림 동화책을 보여 주는 훈련을 하는 것이 좋다. 아이와 함께 동화책 구경도 하고, 서점의 한구석에 자리 잡고 앉아 아이가 골라 온 그림책을 읽어 주면 어린이날을 행복하게 보낼 수 있다.

예술과 산업의 접목을 꿈꾸는
파주 출판도시

경기도 파주시 교하읍 문발리 158만여m²의 갈대밭 위에 조성된 대한민국 출판계의

Info.

주소 경기도 파주시 교하읍 문발리 출판문화산업단지 524-3
문의 전화 031-955-0050
관람 시간 각 서점과 북 카페마다 다름.
입장료 없음

중심지 파주 출판도시. 110개가 넘는 출판사와 200여 개에 이르는 출판 관련 업체들이 둥지를 튼 이곳은 영국 웨일스 헤이 온 와이, 네덜란드 브레드보트와 같은 세계적인 책 출판 마을을 모델로 기획하여 성장하고 있다. 섹터를 나누어 유명한 건축가들이 어느 건물 하나 똑같은 디자인이 없도록 건축한 파주 출판도시는 세련된 디자인과 환경친화적인 단지 조성으로 유명하다. 예술적으로 보이는 파주 출판도시의 건물들은 시간이 흐를수록 자연스럽게 자연과 융화되는 재료를 사용해 시간이 지날수록 새로운 매력을 자아낸다. 이런 건축적 특별함과 아름다움으로 건축하는 사람들과 사진 찍는 사람들의 단골 촬영 장소가 되면서 일반인들에게도 찾아가 보고 싶은 명소가 되었다.

아이들과 함께 둘러보기에 좋은
아동 전문 출판사 직영 서점

파주 출판도시에는 북 카페 형식의 할인 서점들이 곳곳에 있다. 출판사에서 직접 운영하는 직영 서점들로 서적의 다양함과 폭넓은 할인율이 아주 매력적이다. 특히 서점마다 북 카페 형식의 자리를 마련하고 있어 마음에 드는 책을 골라 여유롭게 살펴볼 수 있다. 하지만 이곳은 기본적으로 관광지가 아닌 거대한 산업 단지이라 사전 정보 없이 방문하면, 어찌 보면 조금은 우중충해 보이는 회색빛 건물들 사이를 정처 없이 배회하다 소득 없이 돌아올 수 있다. 그러니 사전에 가 볼 만한 곳이 어디인지, 위치는 어디인지를 확실히 알고 가는 것이 좋다.

파주 출판도시에는 북 카페 형식의 할인 서점들이 곳곳에 있다.

주니어 김영사의 북 스토어
행복한 마음

　　주니어 김영사는 아동 도서 전문 출판사로 파주 출판
도시 내 아동 서점 중 가장 큰 규모를 자랑한다. 주니어 김
영사의 서점인 '행복한 마음'에 들어서면 조용한 행복을 맛
볼 수 있다. 전문 카페를 연상할 정도의 인테리어와 공간을
차지한 서점 한쪽의 휴식 공간에는 원목 테이블과 의자가 있다.
아이와 부모가 언제든지 책을 읽을 수 있는 공간이다.

　　휴식 공간 한쪽에는 아이들을 위한 작은 실내 놀이터가 있
다. 규모는 작지만 아이들이 참 좋아하는 장소다. 행복한 서점
은 주니어 김영사에서 출판한 아동 서적뿐 아니라, 성인 대상 출판물
을 취급하는 김영사의 책들도 다양하게 갖춰 성인들도 진지하게 책을
고르는 모습을 볼 수 있다. 다양한 할인 폭의 책을 다수 구비해 놓고 있
어 운만 좋으면 원하는 책을 저렴하게 구입할 수 있다.

주소 경기도 파주시 교하읍
문발리 출판문화산업단지
515-1 (주)김영사 2층
전화 031-955-3155
시간 매일 10:00~17:00 / 명
절에만 휴무

시공 주니어의 북 아웃렛
네버랜드

　　시공 주니어의 북 아웃렛 네버랜드는 유통 중

작은 파손이 있는 책들을 할인 판매하는 곳이다. 지하에 있지만 통유리를 통해서 빛이 들어와 밝은 분위기이다. 서점에는 10%에서 최대 50%까지 할인해 판매하는 책들이 가득하다. 간간이 70~80% 할인하거나 1,000원 또는 2,000원 균일가로 파는 도서도 있다. 벽면의 한편에는 영·유아 베스트 책 등 분야별 베스트 책만을 모아 놓아 손쉽게 책을 선택할 수 있게 했다. 시공 주니어에서 출판된 유아와 아동 도서가 많기 때문인지 꼼꼼한 엄마들은 구매 리스트를 가지고 와서 아이들과 함께 훑어보며 저렴한 가격에 도서를 구입해 간다. 사전에 구매 리스트를 가져오는 것은 파주 출판도시를 가장 알차게 즐길 수 있는 방법의 하나이니 참고하자.

주소 경기도 파주시 교하읍 문발리 출판문화산업단지 521-1 (주)시공사 지하
전화 031-955-7369
시간 화~일요일 0:00~17:00 / 매주 월요일 휴무

비룡소의 어린이 전문 서점
까멜레옹

어린이 책 전문 출판사 비룡소에서 운영하는 서점 까멜레옹은 참 예쁘다. 서점 곳곳을 장식한 아기자기한 인형과 소품들은 금방 잡지에서 빠져나온 듯하다. 서점으로 올라가는 좁고 가파른 계단마저 예쁜 소품들로 장식되어 있어서 사진 찍는 사람들이 종종 눈에 보인다. 서점에 오르면 예쁜 목재 책장에 아기자기한 동화책들이 눈에 잘 띄게

주소 경기도 파주시 교하읍 문발리 출판문화산업단지 519-2 민음사 2층
전화 031-955-4318
시간 매일 10:00~18:00 / 명절에만 휴무

서점 곳곳을 장식하고 있는 아기자기한 인형들과 소품들은 잡지에서
빠져나온 듯하다.

전시되어 있다. 특히 미국의 유명 애니메이션인 스펀지밥을 엮어 만든 유아와 아동 대상의 영어 학습 책들이 눈에 잘 들어온다. 구간은 50%, 신간은 10% 할인율을 상시 적용하는 할인 서점이다.

길벗 어린이 북 카페, **책소풍**

〈강아지 똥〉으로 유명한 길벗 어린이 출판사는 서정적이고 전통적인 감성을 잘 살린 동화책을 출판하는 곳으로 유명하다. 책소풍은 길벗 어린이 출판사에서 운영하는 북 카페로, 길벗의 리퍼 도서를 상시 50% 할인 판매한다. 리퍼 도서란 작은 손상이 있는 책으로 책의 표지나 모서리 등에 작은 흠이 있거나 구겨짐 등이 있는 책을 말한다. 대부분의 리퍼 도서는 읽는 데 전혀 문제가 없다.

책소풍은 리퍼 도서 외에도 구간 30%, 신간 10%를 할인해서 판매한다. 앉아서 책을 읽을 수 있는 자리가 곳곳에 있어서 마음에 드는 책을 뽑아 들고 아이들과 함께 독서의 즐거움에 빠질 수 있다. 세련된 인테리어가 돋보이는 책소풍은 음료 수익금 전액을 우간다 어린이 돕기 사업에 기부한다.

주소 경기도 파주시 문발동 출판문화정보산업단지 511-2
전화 031-955-325
시간 시간 10:00~17:30 /
음력설, 추석 휴무

추천 18개월부터
추천 이유 걷고, 짧은 말도 할 수 있는 18개월 이상의 아
기들은 자기가 좋아하는 그림책을 뽑아 들 수도 있고,
엄마와 함께 읽을 수도 있다. 이런 아기들과 함께 동화
책 나라로 외출해 보자.

갤러리처럼 잘 가꾸어진 정원 입구로 걸어 들어가면 정면에 탄탄테마동화의 마스코트 곰돌이가 동화책
에서처럼 목도리를 휘날리며 자전거를 타고 있다.

전기 기차가 있어 행복한
살림 출판사의 〈앨리스 하우스〉

　살림 출판사의 앨리스 하우스를 유명하게 만든 것은 전기 기차다. 앨리스 하우스 외부를 한 바퀴 돌아보는 전기 기차는 아이들의 꿈을 녹여 놓은 듯하다. 2만 원 이상의 도서를 구입한 사람에게만 기차표를 증정한다. 아이들과 동반한 부모라면 어지간하면 2만 원을 넘겨 꿈의 티켓을 아이들 손에 쥐어 줄 수 있다.

　살림 출판사에서 운영하는 앨리스 하우스는 1층 북 아웃렛, 2층 카페, 3층 목공·암벽 등반 교실로 구성되어 있다. 파주 출판도시 중 이 정도 구성을 갖춘 곳은 탄탄 스토리 하우스와 이곳을 제외하면 없을 듯하다. 2층 카페에선 고급 원두커피를 즐길 수 있고, 3층 목공·암벽 등반 교실에서는 다양한 체험을 할 수 있다..

주소　경기도 파주시 문발동
522-1 ㈜살림 출판사 1층
전화　031-955-4660, 13501
시간　평일 11:00~18:00, 주말
10:00~18:00 / 음력설, 추석 휴무

동화책으로 만들어진 복합 문화 공간
탄탄 스토리 하우스

　그림 동화 전문 출판사 여원 미디어의 복화 문화 공간인 탄탄 스토리 하우스는 파주 출판도시의 명물 중 하나다. 갤러리처럼 잘 가꾸어진 정원 입구로 걸어 들어가면 정면에 탄탄 테마 동화의 마스코트 곰돌이가

주소　경기도 파주시 교하읍
문발리 출판문화산업단지 519-1
전화　031-995-7660
시간　평일, 토요일 10:00~17:00,
일요일 11:00~16:00 / 휴무일 월
요일, 국정 공휴일

동화책에서처럼 목도리를 휘날리며 자전거를 타고 있다. 탄탄 테마 동화 중 가장 인기 있는《곰돌아 어디 가니?》의 주인공이다. 곰돌이의 자전거 뒷 좌석에는 동화책 속 곰돌이 친구인 소년처럼 아이들이 직접 앉아 사진을 찍을 수도 있다.

6개월부터 18개월 때까지《곰돌아 어디 가니?》에만 집착했던 아들이 동화책 속의 곰돌이를 본 순간 환호하며 기뻐하던 모습은 오래된 다큐에서 보았던 비틀즈의 팬을 생각나게 했다. 확실히《곰돌아 어디 가니?》는 아이들이 쉽게 암기하기 쉬운 반복 문구와 책의 구석에 작게 그려진 초원 위를 걸어가는 할머니가 그다음 장에선 책의 중앙에서 과일을 사는 것처럼, 줄거리를 상상하면서 읽을 수 있도록 세심하게 배려한 명작이다.《곰돌아 어디 가니?》의 그림 작가 데비 하터(Debbie Harter)의 다른 곰 시리즈 책들도 좋다.

곰돌이를 지나 입장하면 1층 로비와 2층 소극장, 3층과 4층에 대전시실과 소전시실, 그리고 아이들을 위한 북 카페가 4층에 있다. 전시실은 동화책에 나왔던 그림을 전시한 곳이다. 4층 북 카페에는 탄탄 테마 동화와 전시된 모든 책을 마음껏 읽을 수 있도록 알록달록한 탁자와 의자가 곳곳에 있다. 전집으로 구입하지 않으면 보기 어려운 탄탄의 아름다운 동화책을 마음껏 읽어 볼 수 있는 만족스러운 공간이다. 1층 소공연장에서는 주말 오후 2시에 어린이를 위한 공연이 펼쳐진다. 관람료는 3,000원이다. 예전에는 공연 관람객에게 동화책을 무료로 나누어 줬는데 최근에는 3, 4층의 대전시실과 소전시실, 북 카페를 다

돌아보고 각 장소에서 나누어 준 종이에 스탬프를 찍어 오면 동화책을 준다.

파주 출판도시의
기타 명소

파주 출판도시의 중심을 잡고 있는 아시아 출판문화 정보 센터는 출판문화 예술 활동을 위한 복합 문화 공간이다. 국제 북 페어와 같은 전시, 공연, 문화 행사 등이 열리는 곳이다. 이벤트 광장, 아시아 광장, 물의 정원 등 야외 공간 등은 퍼포먼스와 음악회, 전시회 등이 열리는 공간이자 대중들의 쉼터다. 아시아 출판문화 정보 센터는 뛰어난 심미성을 가진 건물로 2004년 김수근 건축 문화상을 수상했다.

아시아 출판문화 정보 센터 건물은 파주 출판도시로 사진 출사를 온 많은 사람이 사진을 찍는 건물로, 건물 1층에는 고급스러운 이탈리안 레스토랑 노을(운영 시간 11:00~15:00, 17:00~22:00(음력설 및 추석 당일 휴무) / 031-955-0070)이 있으며 2층에는 헌책방으로 유명한 보물섬이 있다.

BABY TRAVELING TIPS

1. 한번에 많은 곳을 둘러보려 욕심을 내지 않는 것이 좋다. 서점은 구경하는 곳이 아니라 책을 보는 곳이니 아이가 지루해하지 않는다면 한두 곳에서 지긋이 시간을 보내는 것이 좋으며 최대 세 곳을 넘기지 않는 것이 좋다.
2. 동화책 구매를 원한다면 월령별 추천 동화책 리스트를 가지고 가서 서점에서 직접 살펴본 후 선택하는 것이 좋다.
3. 파주 출판도시 내 많은 서점과 시설은 월요일에 휴무한다.

엄마아빠를 위한 인근 맛집

파주 출판도시 내에는 맛집이 많이 없으니 헤이리 예술 마을이 나 프로방스로 이동해서 식사하는 것이 좋다.

헤이리 예술 마을의 손가주방 (031-947-4668)

도예가 부부가 하는 우동 전문점이다. 손재주 있는 사람들이어서인 지 음식 맛도 일품이다. 주인장의 작품인 듯한 그릇은 작품으로 느껴 질 정도로 예쁘다. 식당 한 켠에는 도예가 부부의 작품이 전시되어 있 어 구경하는 재미도 쏠쏠하다. 예전에는 헤이리 예술 마을 안에 있었지 만, 최근에 헤이리 인근으로 이전했다.

목요일부터 일요일은 음식하는날, 월요일부터 수요일은 작업하는 날로 정해서 운영한다. 헤이리 예술 마을 내의 음식점으로는 저렴한 가격에 어린이 세트까지 갖추고 있다.

(주먹밥과 우동, 소시지가 함께 나오는 어린이 세트 6,000원 / 해물 우동 7,000원)

아티누스 Famer's Tabel (031-948-6225)

이탈리안 레스토랑이다. 거대한 나무가 레스토랑의 한가운데를 장식하고 있는 아티누스는 마치 정원에서 식사하는 듯하다. 피자 가 맛있다. 이유식 완료기의 아이만 되어도 크림 스파게티와 맵 지 않은 피자는 잘 먹는다. (루꼴라 피자 21,000원)

프로방스 마을의 샤부샤부와 한정식 (031-949-9246)

로맨틱한 프로방스풍의 마을을 재현한 파주 프로방스 마을 은 1996년 프랑스 레스토랑으로 시작한 테마 마을이다.

퓨전 한정식 식당인 샤부샤부와 한정식의 작은 한정식은 보쌈, 조 기, 뚝배기 불고기, 잡채, 무 쌈 말이, 해파리 냉채, 약식,가지선, 새 우튀김, 샐러드, 호박죽, 물김치 등이 먹음직스럽게 나온다. (1인분 에 14,500원) 아이들에게 잡채와 생선 등을 주면 아주 잘 먹는다. 이 유식을 하는 아이들에게는 호박죽을 먹이면 된다.

주변에 가 볼 만한 곳

파주의 대표적인 관광지인 헤이리 예술 마을과 프로방스, 임진각 평화누리 공원은 모두 아이와 함께 가면 좋은 가족 여행지다.

임진각 평화누리 공원 (031-953-4854)

맑은 날이면 드넓은 잔디밭과 그 위에 휘날리는 하얀 깃대가 어우러져 가슴 울렁거리는 묘한 감성을 불러일으키는 곳이다. 드넓은 잔디밭에서 아이에게 평화와 자유를 느끼게 해 줄 수 있는 좋은 피크닉 장소다.

헤이리 예술 마을 (070-7704-1665)

어린아이들이 좋아하는 실내 테마 놀이터 딸기가 좋아, 한립 토이 뮤지엄, IQ 박물관 등 어린이를 대상으로 한 특색 있는 놀이 시설과 박물관이 많이 밀집된 곳이다. 딸기가 좋아만 둘러보고 체험해도 하루가 지나간다. 주말에는 너무 많은 사람이 찾는 곳이므로 주중을 이용하는 것이 좋다.

프로방스 (1644-8088)

로맨틱한 분위기의 파스텔 톤 건물들로 구성된 테마 마을로 식당, 베이커리, 상가 등이 모여 있다. 아이들이 좋아하는 동화적인 아기자기함이 가득한 곳으로 아이들과 사진 찍기 좋다.

아이와 가까운 곳으로 여행 갈 때 꼭 필요한 준비물

당일 여행으로 적합한 여행지이므로 간단한 외출 준비만 하면 된다. 먼 거리는 차로 이동하는 것이 쉽고 그 이외의 장소는 유모차보다는 아기 띠가 유용하다.

준비물 : 아기 띠, 기저귀 2~3개, 물티슈, 턱받이 대용 아기 수건 , 여벌의 옷 한 벌, 물과 빨대 컵, 아기 간식

아기를 위한 여행용 Best Item

머리 덮개가 있는 아기 띠

아기가 7~8kg에 이르면 아기 띠를 하고 아이를 데리고 다닐 때 어깨에 큰 부담이 온다. 이때쯤 많은 엄마가 아기 띠를 새로 장만하려 한다. 외출하거나 여행할 때 유용한 아기 띠의 기능 중 하나는 머리 덮개다.

잠이 든 아기는 보는 사람이 불안할 정도로 목을 뒤로 꺾는다. 머리 덮개가 있는 아기 띠는 머리가 뒤로 꺾일 때 머리를 잡아주고, 바람과 햇볕을 가릴 때 필요하다. 특히 장거리 여행 시에는 집 근방을 돌아다닐 때처럼 바람막이를 들고 다니기 힘드므로 어깨 패드가 두툼하게 들어가고 무거울 때는 뒤로도 맬 수 있으며, 머리 덮개가 있는 아기 띠를 고르는 것이 좋다.

아기를 위한 여행용 먹을거리

서점을 둘러보는 여행이므로 운동량이 많지 않다. 특별히 신경 써서
먹을거리를 준비할 필요는 없으며, 간단한 외출 시 필요한 먹을거리
만 준비하자. 이유기가 아니라면 간단한 보냉 가방에 물, 주스, 우유
등의 음료와 바나나 1~2개, 차 안에서 먹을 아기 과자 정도만 있으
면 된다.
이유기의 아기라면 이유식과 분유를 추가로 보냉 가방에 챙기
면 된다.

part 3
아이와 함께하는
장거리 여행지

힐튼 남해 리조트와 러브 크루저가 있는 남해 여행

걷지 못하는 12개월 이하의 갓난애와 함께할 휴가 여행지로 어디가 좋으냐고 물으면 나는 별 고민 없이 세 곳을 추천한다. 힐튼 남해 리조트, 양양 쏠비치, 부산 해운대가 그곳이다. 내가 이 세 곳을 추천하는 이유는 갓난애와 함께하는 여행은 휴양지형 여행이 되어야 하기 때문이다. 여행의 동선이 길지 않고 될 수 있으면 숙박지와 그 인근에서 많은 것을 해결할 수 있어야 한다. 또한, 엄마의 육아 스트레스를 풀어 줄 수 있는 바다로의 여행이 기분 전환에도 좋다.

이 중 남해는 수도권에서 이동 거리가 상당히 먼 지역이다. 하지만 사천공항을 이용한다면 사천에서 남해까지는 렌터카로 한 시간 내로 이동할 수 있다. 외국인에게 한국의 매력적인 여행지를 소개하는 기사를 쓰기 위해 그들과 함께 남해안 일대를 돌았던 적이 있다. 이때 남해도에 대한 그들의 찬탄이 기억에 남는다. 그만큼 남해는 대한민국의 보물섬으로 불릴 만큼 아름답다. 국내에서 제주도, 거제도, 진도에 이어 네 번째로 큰 섬인 남해는 섬 중에서 산이 가장 많은 섬이기도 하다. 평야가 적어 계단식 논이 발달해 가천 다랭이 마을이 많은 광고에 등장하며 유명 관광지가 되기도 했다. 대부분의 주민이

추천 4개월부터
추천 이유 젖병 소독기, 아기 욕조 등과 같은 영아를 위
한 충실한 베이비 서비스가 있는 고품격 남해 리조트,
국내 최고를 자랑하는 남해도의 꿈결 같은 드라이브 코
스가 있어 아이와 엄마를 위한 럭셔리한 여행지다.

사는 남해도와 창선도를 제외하고도 68개의 섬으로 이루어진 남해군은 이 중 65개의 무인도가 남해도를 둘러싸고 있어 한 폭의 동양화와 같은 절경을 자랑한다.

입맛대로 고를 수 있는
남해의 명소

남해는 매혹적인 해안 도로를 따라 관광 명소들이 끊임없이 이어져 있다. 대표적인 명소로는 1973년 개통되어 남해도가 섬이 아닌 육지가 되게 한 남해 대교, 남해 대교가 가로지르는 노량해협에서 벌어진 임진왜란의 마지막 전투인 노량해전에서 전사한 이순신 장군의 가묘가 있는 충렬사와 거북선, 많은 광고와 영화의 배경이 되었던 계단식 논이 인상적인 가천 다랭이 마을, 상주 해수욕장을 품고 남해가 한눈에 펼쳐지는 풍광을 자랑하는 국내 3대 기도 장소 중 하나인 보리암, 은빛 모래사장으로 유명한 상주 해수욕장, 한려 해상 국립 공원의 절경을 두루두루 둘러볼 수 있는 러브 크루저가 있다.

또한, 국내 최고의 미항이라고 알려진 미조항, 독일로 취업 이민을 하였던 세대들이 돌아와 정착한 아름다운 독일 마을, 17명의 원예인들이 뜻을 모아 만든 아기자기한 원예 예술촌, 은점의 바다가 내려다보이는 폐교에 자리한 다양한 예술 체험의 장인 해오름 예술촌, 사계절 내내 나비를 관찰할 수 있는 나비 생태 공원, 천연기념물 방조어부림, 물살이 빠른 지족해협에 집게 모양으로 말뚝을 박아 멸치, 미역, 개불 등을 잡는 남해도에서만 볼 수 있는 원시 어업 죽방염, 아름다운 목조 가옥이 들어선 아메리칸 빌리지 등 하나하나 놓치기 아까운 곳이다.

남해의 매혹적인
드라이브 코스

    유아를 데리고 떠나는 여행지로 남해를 꼽는 이유는 무엇보다도 해안 드라이브 코스 때문이다. 남해는 해안 도로 드라이브만 해도 여행의 반은 충족할 정도로 아름다운 드라이브 코스를 갖추고 있다. 아이를 업거나 안아 본 사람들은 그 무게에 어깨가 무너지는 것 같은 느낌을 경험해 보았을 것이다. 그런 아이를 안고 보리암을 오르거나, 보리암 못지않게 가파른 언덕을 오르내려야 하는 가천 다랭이 마을에 가는 것은 적절치 않다.

    하지만 아이와 함께 러브 크루저를 타고 꿈결 같은 한려 해상의 절경을 감상하고, 대한민국 해안 드라이브 코스 중 최고의 아름다움을 자랑하는 남해 해안 도로를 달리며, 깨끗하고 수심이 얕은 상주 해수욕장에서 아이와 함께 바닷물에 살짝 발 담그고 모래 놀이를 할 수 있는 남해는 아이와 함께하는 장거리 여행지로 최적이다.

국내 최고급 리조트의 대명사
힐튼 남해 골프 & 스파 리조트

    아름다운 남해군에 세계적인 고급 호텔 · 리조트 그룹인 힐튼에서

힐튼 남해 골프 & 스파 리조트의 최대 장점은 가족 모두가 만족할 수 있다는 점이다. 아빠를 위한 골프 시설, 엄마가 좋아하는 스파 시설, 아이를 위한 키즈 파라다이스와 수영장. 숙박 시설 또한 깔끔하고 고급스럽다.

운영하는 힐튼 남해 골프 & 스파 리조트가 있다. 힐튼 남해 골프 & 스파 리조트는 이름에서도 짐작할 수 있듯이 남해의 아름다운 해변에 위치한 골프장으로는 국내 유일한 18홀의 시 사이드 골프 코스(Sea-side Golf Course)와 고품격 스파 시설을 갖추고 있다. 힐튼 남해 골프 & 스파 리조트의 골프 코스 중 4홀은 바다를 사이에 두고 샷을 날리게 설계되어 있어 골프를 좋아하는 사람들 사이에서는 이미 유명한 곳이다.

힐튼 남해 골프 & 스파 리조트의 최대 장점은 가족 모두가 만족할 수 있다는 점이다. 아빠를 위한 골프 시설, 엄마가 좋아하는 스파 시설, 아이를 위한 키즈 파라다이스와 수영장을 갖추고, 숙박 시설 또한 깔끔하고 고급스럽다.

고가의 숙박 요금만 제외한다면 아기들을 위한 젖병 소독기와 아기 욕조 등 여행 때 들고 다니기 어려운 아기 용품 일체를 갖춘 힐튼 남해 골프 & 스파 리조트는 모유나 분유를 먹어야 하는 **아기**들을 데리고 여행하기에 **최적의 숙박지다.**

바다가 눈 아래 펼쳐지는 고품격 야외 수영장, **스플래쉬**

아기를 데리고 바닷가에서 해수욕하기는 위생이나 환경적인 면에서 어려움이 많다. 이런 아쉬움을 달랠 수 있는 장소가 힐튼 남해 골프 & 스파 리조트의 숙박객만을 위한 야외 수영장인 스플래쉬다.

　스플래쉬 야외 수영장의 한편은 수영장의 파란 물과 남해의 비취 빛 바닷물의 경계선이 불분명할 정도로 탁 트인 전경을 자랑한다. 스플래쉬는 규모가 크지는 않지만 성인들을 위한 길이 30m, 넓이 5~8m의 유선형 풀과 음료와 스낵을 판매하는 카페테리아, 유아들을 위한 지름 5m, 깊이 0.8m의 동그란 유아 풀로 구성되어 있다. 야외 수영장 옆엔 유아들의 실내 놀이터인 키즈 파라다이스가 있어 아이들을 위한 배려가 잘 되어 있다. 스플래쉬 카페테리아에서 비취 빛 남해의 절경을 바라보며, 하얀 파라솔 아래에서 음료 한 잔의 여유로움을 즐길 수 있는 곳이다. 음료뿐 아니라 간단한 식사까지 가능하다. 야외 수영장 스플래쉬는 숙소 동 가운데 있어서 아기가 잠이 들거나 아기를 씻겨야 할 때 숙소로 바로 이동해 보살피기 좋은 구조다. 스플래쉬 야외 수영장은 숙박객들만 무료로 이용 가능하며 6월 중순~9월까지만 운영한다.

〈환상의 커플〉의 여주인공 한예슬의 단골 찜질방, **더 스파**

드라마 〈환상의 커플〉에서 한예슬이 마을 아주머니들과 자주 이용했던 힐튼 남해 골프 & 스파 리조트의 스파 시설인 더 스파는 통유리를 통해 남해를 바라보며 목욕을 즐길 수 있는 고급 목욕 시설이다. 더불어 황토방으로 꾸며진 핫 존, 자수정 얼음 방인 아이스 존, 불가마로 이루어진 슈퍼 핫 존 등으로 구성된 찜질방, 전문 스파

남편에게 아이를 잠시 맡기고 최고급 스파 테라피의 세계에
빠져 볼 수 있는 오아시스는 엄마들의 로망이다.

테라피스들의 테라피와 마사지를 받을 수 있는 오아시스, 아이들의 실내 놀이터인 키즈 이스케이프, 무료로 인터넷을 이용할 수 있는 인터넷 존 등으로 구성되어 있다.

더 스파의 유리문을 열고 야외 테라스로 나가면 남해의 아름다운 전경이 한가득 시야에 들어온다. 예쁜 테이블이 있어 휴식을 취하며 남해의 아름다움에 취하기에 좋다. 남편에게 아이를 잠시 맡기고 최고급 스파 테라피의 세계에 빠져 볼 수 있는 오아시스는 엄마들의 로망이다. 럭셔리 스파 테라피 프로그램인 오아시스는 여행의 피로와 육아 스트레스를 풀기에 최고의 프로그램이지만 요금은 비싼 편이다. 등, 어깨, 목 부위를 집중적으로 관리할 수 있는 가장 짧고 저렴한 코스인 딥 티슈 백(Deep Tissue Back) 코스부터 1박 2일 동안 최고급 럭셔리 스파 테라피를 즐길 수 있는 원 & 온리 스파 저니(One & Only Spa Journey) 코스까지 있다. 더 스파는 숙박객들에게 무료로 개방된다.

아이와 함께 물놀이를 즐기기 좋은
은빛 모래사장 상주 해수욕장

반달형의 상주 해수욕장은 여름이 되면 백만 명 이상의 피서객이 찾는 남해의 명소다.

BABY TRAVELING TIPS

1. 힐튼 남해 골프 & 스파 리조트는 리조트 내부에 슈퍼가 없다. 간단한 과자를 살 수 있는 코너는 있지만 그나마도 비싼 편이다. 리조트 주변은 바다와 논밖에 없다. 그래서 아이에게 줄 과일이나 먹을거리 등은 남해읍이나 출발 전에 준비해 오는 것이 좋다. 힐튼 남해 골프 & 스파 리조트의 객실에는 부엌이 따로 있고 취사 도구도 있지만 취사 금지다. 칼과 그릇 정도만 사용할 수 있으므로 간단한 과일 정도만 준비해 가는 것이 좋다.

2. 힐튼 남해 골프 & 스파 리조트 내 식당들은 맛과 분위기는 좋은 편이지만 가격이 비싸고 남해 별미를 먹어 보기가 힘들다. 그리고 리조트 인근에도 맛집이 없으므로 주변 관광지를 둘러볼 때 미리 점심과 저녁을 해결하고 오는 것이 좋다.

$2km$의 백사장은 울창한 송림으로 둘러싸여 있으며 송림 뒤로
는 보리암을 품고 있는 금산이 병풍처럼 둘러싸고 있다. 해수
욕장에서 마주 보이는 바다 위로 돌섬과 나무섬이 상주 해수
욕장을 보호하듯 떠 있어 물살이 무척 잔잔하다. 모래가 은빛
으로 빛난다고 해서 은모래 비치라 불리는 상주 해수욕장은
주변에 공해를 일으키는 시설이 없어 마을을 거쳐 바다로 흘
러드는 작은 개천의 물마저 맑고 투명한 빛을 띤다.

상주 해수욕장의 깨끗한 모래는 매우 부드러워 모래 놀이를 하
기에 좋다. 잔잔한 물살, 깨끗한 모래와 바닷물 그리고 울창
한 송림이 제공하는 시원한 그늘은 아이의 물놀이 장소로 상주 해
수욕장이 적격임을 말해 준다. 상주 해수욕장의 서편에는 러브
크루저를 탈 수 있는 선착장이 있다.

한려 해상 국립 공원에서 즐기는 낭만의 크루저 여행

러브 크루저는 남해의 리아스식 해안을 휘두른 한려 해상 국립 공원을 둘러볼 수
있는 최고의 여행 아이템이다. 420인승의 거대한 배는 1층 연회장, 2층 관람실, 3층 선
상 관람대로 구성되어 있다. 3층의 선상 관람대에서 품 안의 아이에게서 전해지는 따
뜻한 온기와 함께 바다에서 불어오는 시원한 바닷바람을 맞으며 남해의 낭만에 취해

보자. 남해의 해안 절경과 크루저가 아니면 볼 수 없는 많은 무인도의 신비로운 풍모가 드러날 때 러브 크루저의 선장이 들려주는 전설은 마치 현실처럼 들린다. 야생 염소 서식지, 암수 바위, 비룡 계곡, 서포 김만중의 유배 섬인 노도, 쌍용굴, 사랑의 바위 등 남해안을 따라 이어지는 절경은 끝이 없다. 이 중에서 가장 하이라이트는 일몰과 일출이다. 남해와 해안 절경을 배경으로 해가 가라앉을 때 시시각각 변하는 색채의 향연은 '특별함'이란 단어로도 표현이 부족하다.

일출 또한 장관으로 매년 1월 1일의 해맞이 출항은 예약해야 승선이 가능할 정도로 인기 만점이다. 출항 횟수와 시간이 유동적이므로 미리 전화(남해 해상 관광 레저 : 055-863-0947)로 확인하는 것이 좋다.

1. 러브 크루저를 탈 때 새우깡을 한 봉지 가져가면 좋다. 새우깡만 있으면 아이에게 갈매기가 얼마나 유려하게 바람을 가르며 날 수 있는지를 바로 눈앞에서 보여 줄 수 있다.

2. 배를 탈 때는 거센 바닷바람으로부터 아기를 가려줄 수 있는 것을 가져가야 한다. 여름이라도 여행할 때에는 바람을 차단하는 모자가 달린 여름용 긴팔 재킷을 가지고 다니는 것이 좋다. 차가운 바닷바람뿐만 아니라 에어컨의 냉기로부터도 아기를 보호해 준다. 방풍 재킷으로도 부족할 때는 가볍고 부피가 적게 나가는 속싸개 정도를 추가로 가져가면 좋다.

이국적인 **독일 마을과 원예 예술촌**

　체력에 있다면 남해의 보리암에 꼭 올라가 보기를 권한다. 하지만 내가 아이를 업고 올라갔다 온 결과 조금 어려운 건 사실이다. 그래도 아이를 업고 올라간 나를 향해 '씩씩한 엄마'라며 평생 추억에 남을 거라고' 격려를 아끼지 않았던 아줌마들과 '저건 아닌데'하며 혀를 끌끌 차던 노인분들이 있어 꽤 재미있는 추억으로 남아 있다. 그래서 남해 1경인 보리암을 추천과 비추천의 경계로 남겨 놓고 아이와 함께 가 볼 만한 남해의 명소 세 곳을 추천하려 한다.

　첫 번째와 두 번째는 독일 마을과 원예 예술촌이다. 이 두 마을은 독특한 테마를 가진 마을로, 독일 마을을 거쳐 원예 예술촌으로 진입하기 때문에 같이 묶어서 보기 좋다. 독일 마을은 물건항을 앞에 두고 산 중턱에 자리한 하얀 회벽과 주홍빛 기와지붕들이 낭만적인 감성을 자극하는 아름다운 마을이다. 1960~1970년대 독일로 취업 이민을 하였던 광부와 간호사들이 돌아와 사는 곳으로 마을의 모든 가옥은 독일식으로 지어졌다.

　마을 한쪽에는 드라마 〈환상의 커플〉의 두 주인공이 티격태격하며 살았던 집이 남아 있다. 거주지이기 때문에 들어가 볼 수 없지만 많은 사람이 이 집을 배경으로 사진을 찍는다. 드라마의 많은 장면이

Info.

독일 마을
문의 전화 남해 관광 콜 센터(1588-3415), 삼천포 대교
관광 안내소 055-867-5238(10:00~17:00)
입장료 무료

원예 예술촌
주소 경상남도 남해군 삼동면 예술길39
문의 전화 055-867-4702
관람 시간 2~3월, 10월 9:00~18:00 / 4~6월, 9
월 9:00~18:30 / 7~8월 9:00~19:00 / 11월~1월
9:00~17:30
입장료 성인 5,000원 / 4세 이하 무료

이 마을과 마을 아래 물건항에서 촬영되어서 드라마를 좋아했던 사람이라면 주인공의 집뿐만 아니라 마을 곳곳이 눈에 익을 것이다. 물건항에는 태풍과 염해로부터 마을을 지키고 깊은 그늘을 만들어 고기가 모이게 하는 천연기념물 물건 방조어부림이 있다.

원예 예술촌은 17명의 원예인이 그들의 꿈인 예쁜 마을을 만들어 사는 곳이다. 대륙별, 국가별 테마를 가지고 조성된 18개의 가옥과 정원은 주인의 꿈을 반영해 가장 아름다운 모습으로 완성되었다. 일본풍의 화정, 프랑스풍의 프렌치 가든, 지중해풍의 박원숙 린궁, 한국풍의 석부작, 호주풍의 목장의 아침, 프랑스풍의 풀꽃 지붕, 멕시코풍의 멕시칸 세이지 등의 개인 정원과 가옥 외에도 전망대, 문화관, 실외 공연장, 온실, 장미 터널, LOVE 松 가든, 하하 바위, 팔각정, 벚꽃길, 매화 길, 레인보우 가든, 보트 가든, 레이디스 가든, 글래스 가든 등 다양한 공공 시설물과 정원을 갖추고 예쁜 마을을 이루고 있다. 아기자기한 볼거리가 많아서 아이와 함께 둘러보기 좋지만 입장료를 내야 해서 약간 부담스럽다.

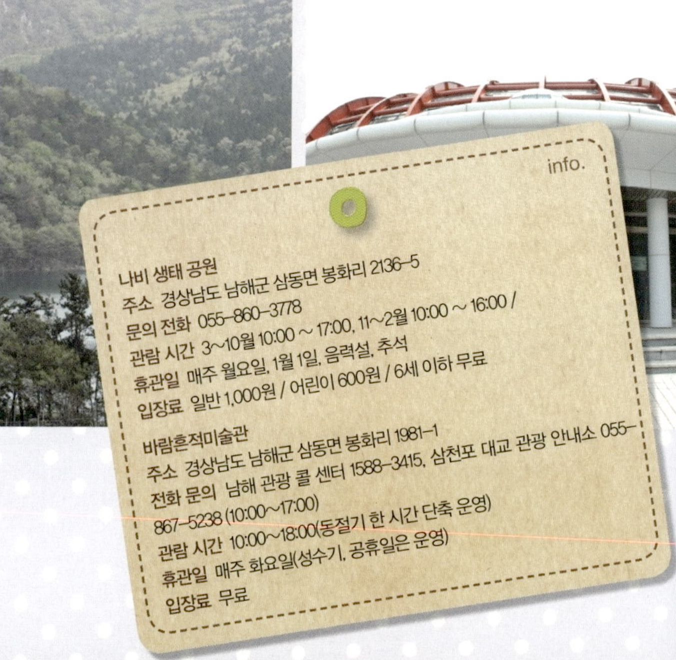

나비 생태 공원
주소 경상남도 남해군 삼동면 봉화리 2136-5
문의 전화 055-860-3778
관람 시간 3~10월 10:00 ~ 17:00, 11~2월 10:00 ~ 16:00 /
휴관일 매주 월요일, 1월 1일, 음력설, 추석
입장료 일반 1,000원 / 어린이 600원 / 6세 이하 무료

바람흔적미술관
주소 경상남도 남해군 삼동면 봉화리 1981-1
전화 문의 남해 관광 콜 센터 1588-3415, 삼천포 대교 관광 안내소 055-
867-5238 (10:00~17:00)
관람 시간 10:00~18:00(동절기 한 시간 단축 운영)
휴관일 매주 화요일(성수기, 공휴일은 운영)
입장료 무료

아름다운 **나비 생태 공원과 바람흔적미술관**

　아이와 함께 갈 만한 남해의 베스트 여행지 세 번째로는 나비 생태 공원이 있다. 남해의 나비 생태 공원은 2006년 10월 개장했다. 27만 2462m² 부지 안에 전시실, 나비 온실, 체험 학습장, 표본 전시실로 구성된 나비 생태관과 실외 시설로 나비 사육실, 식초·식물 재배 하우스 등이 있다. 온실에 들어가면 200여 종의 나비가 잘 가꾸어진 실내 온실 정원 안에서 나풀나풀 날아다닌다. 유모차를 끌기에도 좋은 관람로를 따라 아이와 함께 산책하며 '나비가 나풀나풀 날아다니네.' 등과 같이 의성어 의태어를 섞어 대화를 나누어 보자. 아이의 머리 속에 나비가 나풀나풀 날아다니는 영상이 언어와 함께 아름답게 기억될 것이다.

　나비 생태 공원은 편백 자연 휴양림이 있는 금산과 금산에서 발원한 계곡물이 흘러들어 만들어진 산정 호수 같은 느낌의 내산 저수지 인근에 있다. 나비 생태 공원에서는 하늘로 곧게 뻗은 편백 숲과 산자락을 휘두른 내산 저수지의 아름다운 풍광을 입장료 없이 감상할 수 있다.

나비 생태 공원으로 가는 길에 있는 바람흔적미술관은 특별하게 아이와 함께 가기에 좋을 만한 여행지는 아니지만 잠시 짬을 내어 둘러볼 만하다. 내산저수지 변에 설치된 거대한 바람개비들이 눈길을 단번에 사로잡는 바람흔적미술관은 대관료도 입장료도 없는 관광객들에게 한없이 너그러운 미술관이다. 이곳은 설치 미술가 최영호 씨의 개인 미술관으로 나비 생태 공원으로 가는 길을 사이에 두고 산 위의 입체 공간과 산 아래 저수지 변의 평면 공간으로 이루어져 있다. 저수지 변에 위치한 거대한 바람개비에 달린 다양한 종이 계곡에서 불어오는 바람에 흔들려 만들어 내는 영롱한 소리는 지나는 관광객들의 발걸음을 멈추게 하는 마력이 있다.

둘러보다 보면 수더분한 매력이 가득한 예술가 최영호를 만나 이런저런 이야기를 나누어 볼 수도 있다. 입장료는 없지만 전시관 안쪽에 있는 무료 무인 카페에서 커피나 아이스크림을 먹고 마음 가는 대로 성의를 표시하면 된다.

엄마아빠를 위한 인근 맛집

브리지

한식과 양식을 모두 취급하는 곳으로 분위기와 맛 모두 좋은 곳이다. 단, 가격이 싸지 않다. 그래도 어린이를 위한 키즈 메뉴를 잘 갖춰 이용하기 좋다.

남해 자연 맛집 (055-863-0863)

아이와 함께 먹을 만한 남해의 맛집으로는 이만한 곳이 없다. 남해의 숨겨진 보물이라 불리는 바닷가 마을 홍현에 위치하고 있어서 아름다운 바다를 바라보며 전복죽을 맛볼 수 있는 맛집이다. 눈과 입이 모두 즐거워지는 맛집으로 이유식을 하는 아이에게도 먹이기 좋은 전복죽이 주메뉴여서 엄마 아빠를 안심시키는 곳이다.

남해의 대표적인 먹을거리인 돌멍게도 맛볼 수 있다. 돌 멍게 껍데기로 마시는 소주 맛은 잊기 힘든 감칠맛이지만 모유 수유 중이거나 운전을 해야 한다면 과감히 포기하자. (전복죽 15,000원 / 돌멍게 30,000원)

미담 (055-864-2277)

남해읍에서 오래전부터 명성이 자자한 한정식 전문 식당이다. 대표 메뉴인 해물 한정식(3인 이상 주문 가능, 1인 20,000원)을 주문하면 다양한 회와 해산물이 많이 나온다. 기본이 한정식이라 아이가 먹을 만한 반찬도 풍족하게 제공된다. 단, 3인 이상 주문할 수 있기 때문에 2인이라면 점심 특별 상차림(12시~14시 / 기본 상차림 30,000원)을 주문하는 것이 좋다.

가짓수는 해물 한정식에 못 미치지만 회, 잡채, 전, 회무침, 생선구이, 불고기 외에도 7~8종의 깔끔한 밑반찬이 나온다. 군청 근처에 있어서 군청 주차장에 주차하고 이용하면 편하다.

미조항의 공주 식당 (055-867-6728)과 우리 식당 (055-867-0074)

남해의 대표적인 먹을거리인 멸치 회를 잘하는 곳으로는 미조항의 공주 식당(멸치 회, 갈치회 대 30,000원, 소 20,000원)과 창선교 근처의 우리 식당(멸치 쌈밥

8,000원 / 멸치 회무침 20,000원)이 있다. 〈우리 식당〉의 멸치 쌈밥과 새콤달콤한 멸치 회무침은 남해의 별미지만, 아이가 먹기에는 무리가 있으므로 아이를 위해서 갈치구이 정도를 시켜 주는 것도 좋다.

대희네 식당 (055-863-0789)

상주 해수욕장 식당가 한편에는 해물 된장찌개를 아주 맛깔스럽게 하는 집이다. 관광객들에게는 많이 알려지지 않았지만, 관광버스 기사들이 많이 이용하는 식당이다. 전통 한정식의 깔끔하고 고급스러운 맛은 없지만 맛깔스럽고 정감 어린 반찬들과 해물이 듬뿍 들어간 해물 된장찌개가 맛깔스럽다. 해수욕장 앞 식당가에선 찾아보기 힘든 맛이다.

물건 식당 (055-867-0759)

저렴한 가격에 푸짐한 가정식을 즐길 수 있는 곳이다. 독일 마을 앞 물건 마을 안에 있다.

아이와 함께하는 추천 숙소

힐튼 남해 골프 & 스파 리조트 (055-860-0555)

아직 분유나 모유를 먹는 아기라면 힐튼 남해 골프 & 스파 리조트만한 곳이 없다. 사전에 요청하면 젖병 소독기와 목받이가 있는 유아 욕조까지 갖춰 준다. 트윈 베드를 갖춘 룸 두 개와 바다를 조망할 수 있는 욕실 두 개, 거실로 이루어진 4인용 45평과 52평, 2인용인 35평 스위트 룸 150실과 8인용인 복층 단독 빌라 형태의 78평형 그랜드 빌라 20개로 이루어져 있다. 그랜드 빌라는 내부에는 개인 수영장과 작은 정원까지 있다.

비교적 저렴하게 예약할 수 있는 인터넷 예약 사이트에 나오는 객실은 대부분 45평형이다.

아메리칸 빌리지의 펜션 (055-743-0131)

남해에는 정말 많은 펜션이 있다. 해안가를 따라 달리면서 보이는 예쁜 집들은 모두 펜션이라고 보면 된다. 펜션 왕국이라고 해도 될 정도로 많은 펜션이 있어서 선택의 폭은 넓다. 하지만 남해만의 특별함에 빠지고 싶다면 독일 마을에서 민박하거나 국내로 다시 돌아오는 미국 교포들을 위해 조성된 아메리칸 빌리지의 펜션을 선택하면 좋다. 사실 아메리칸 빌리지는 애초의 목적을 상실한 듯 현재는 거의 펜션 단지로 보아도 무방할 정도다.

산타모니카 펜션 www.nsanta.com / 010-7689-8383
산타모니카 해변을 연상케 하는 아름다운 목조 펜션.

프랑스 펜션 리조트 www.franceresort.net / 055-867-2288
미조면에 있는 규모가 좀 큰 펜션이다.

해돋이 펜션 www.nhsunrise.com / 010-3863-4589
바다와 산 사이의 절묘한 위치에 있다.

마노아 펜션 www.pensionmanoa.com / 055-863-1133

에버로즈 펜션 everrose.net / 010-3001-4235

남해는 나비 모양으로 생긴 큰 섬이다. 2박 3일 정도의 일정을 잡는다면 하루는 왼쪽 날개 부근을 그 다음 날은 오른쪽 날개 부근을 도는 것이 좋다. 숙박도 마찬가지로 나누어 잡으면 동선이 깔끔하다. 꽤 큰 섬이기도 하지만 해안가를 따라 도로가 나 있기 때문에 동선이 상당히 길다.

나비의 왼쪽에 해당하는 지역의 명소로는 남해 대교와 남해 대교를 건너자마자 바로 볼 수 있는 충렬사와 거북선, 힐튼 남해 골프 & 스파 리조트, 가천 다랭이 마을이 있다. 힐튼 남해 골프 & 스파 리조트에 묵는다면 남해로 진입하는 길에 충렬사에 잠깐 들른 후 힐튼 남해 골프 & 스파 리조트의 야외 수영장이나 스파에서 오후 시간을 보내거나 가천 다랭이 마을까지 본 후 남해읍에서 식사하고 리조트로 들어가는 것이 좋다.

남해의 오른쪽 날개에는 보리암, 상주 해수욕장, 미조항, 해오름 예술촌, 독일 마을, 원예 예술촌, 나비 생태 공원, 남해 편백 자연 휴양림, 바람흔적미술관, 원시 어업 죽방렴 등이 있다. 오른쪽 날개에 밀집된 관광지를 다 둘러보기에는 하루가 부족하다. 특히 나비 생태 공원과 바람흔적미술관, 남해 편백 자연 휴양림은 해안 도로에 근접해 있지 않고 내륙으로 깊숙이 들어가야 한다. 아이를 데리고 온 여행이라면 이 중 선택해야 하는데, 상주 해수욕장에서 물놀이와 러브 크루저를 즐기고 미조항에서 점심을 한 후 해오름 예술촌과 독일 마을, 원예 예술촌 중 한두 곳을 골라보고 지나는 길에 둘러볼 수 있는 원시 어업 죽방렴까지 보고 남해를 빠져나가면 하루 일정이 될 것이다.

금산, 보리암 경상남도 남해군 상주면 상주리 산 257-3
남해 대교, 충렬사 경상남도 남해군 설천면 노량리 350
상주 은모래 비치 경상남도 남해군 상주면 상주리 1248
창선교, 원시 어업 죽방렴 경상남도 남해군 삼동면 지족리 지족해협
이충무공 전몰 유허(이락사) 경상남도 남해군 고현면 차면리 산 125
가천 다랭이 마을 경상남도 남해군 남면 홍현리 947
물건 방조어부림 경상남도 남해군 삼동면 물건리 산 12-1
힐튼 남해 골프 & 리조트 경상남도 남해군 남면 덕월리 산 35-5
나비 생태 공원 경상남도 남해군 삼동면 봉화리 2136-5
독일 마을 경상남도 남해군 삼동면 봉화리 2571
바람흔적미술관 경상남도 남해군 삼동면 봉화리 1981-1
원예 예술촌 경상남도 남해군 삼동면 봉화리 2611
창선 삼천포 대교 타운 경상남도 남해군 창선면 대벽리 6-10
해오름 예술촌 경상남도 남해군 삼동면 물건리 565-4
국립 남해 편백 자연 휴양림 경상남도 남해군 삼동면 봉화리 산 480-2

아이와 2박 3일 장기 여행 갈 때 꼭 필요한 준비물

남해도는 2박 3일 정도의 일정이 적당한 곳이다. 해변에서의 물놀이를 위해 모래 놀이 세트와 러브 크루저 승선 시 사용할 방풍 재킷을 잊지 말자.

비상약 : 해열제, 체온계, 연고, 밴드(연고와 밴드는 걷기 시작한 이후의 아기들에겐 필수지만 그 이전의 아기라면 별 필요가 없다.) / 계절에 따라 아기용 벌레 물린 데 바르는 약, 모기 쫓는 패치

장거리 여행 아기 용품 : 아기 샴푸, 아기 로션, 기저귀 다수, 물티슈, 아기 옷 세탁 세제, 여벌의 옷, 모자, 모자 달린 재킷(여름이라도 방풍용으로 얇은 긴 팔 재킷이 있어야 한다.), 부피가 작고 소리가 나는 아기 장난감들, 차에서 틀어 줄 동요 CD

외출 시 항상 휴대하는 필수 아기 용품 : 기저귀 2~3개, 물티슈, 아기 수건(턱받이), 여벌의 옷 한두 벌, 유모차, 카 시트, 아기 띠, 물이 담긴 빨대 컵, 아기 간식, 커버가 있는 아기 스푼 세트, 건강보험증, 계절에 따라 유아용 선크림과 모자

해변 여행 준비물 : 모래 놀이 세트, 모자, 유아용 선크림, 아기 샌들, 갈아 입힐 옷 한두 벌, 수건

해수욕 준비물 : 방수 기저귀, 보행기 튜브, 어깨가 덮이는 수영복, 모자, 유아용 선크림, 아기 샌들, 타월 2~3개, 비치 타월 1~2개, 물, 빨대 컵, 아기 간식

아기를 위한 여행용 Best Item

유모차 & 카 시트용 햇빛 가리개(선셰이드)

햇빛 가리개는 항상 필요한 건 아니지만 여름철 나들이에 있으면 정말 좋은 아이템이다. 대다수 휴대용

유모차의 차양은 햇볕을 완벽하게 가려 주지는 못한다. 이때 필요한 것이 선셰이드. 보통 유모차들의 차양이 안으로 굽어 있는 데 비해 선셰이드는 햇볕을 가려 주기 위해 부채처럼 밖으로 퍼져 나가는 반원형이어서 넓은 그늘을 제공한다. 최근 제품들은 탈부착과 접고, 펴는 게 편리하게 되어 있어, 사용한 후 동그랗게 말아 휴대용 주머니에 넣어 다니면 된다.

이런 햇빛 가리개는 카 시트에서도 유용하게 사용할 수 있다. 여름철 차 안으로 들이치는 햇볕에 아기를 보호하기 위해서는 카 시트의 기본 햇빛 가리개로는 턱없이 부족하다. 이때 유모차용 햇빛 가리개를 카 시트에 씌워 사용하면 좋다. 좌우로도 어느 정도 막혀 있어 좌우의 차창으로 들어오는 햇볕에서 아기를 보호할 수 있다.

아기를 위한 여행용 먹을거리

힐튼 남해 골프 & 스파 리조트는 부엌이 따로 있어 취사 도구도 있으나 취사 금지다. 칼과 그릇 정도만 사용할 수 있으므로 간단한 과일 정도만 준비해 가는 것이 좋다. 이유식을 만들어 먹일 수 없으니, 이유식을 하는 아이라면 하루 이틀은 집에서 보냉 가방에 담아 온 엄마표 이유식을 먹이고, 그 후는 병으로 시판되는 이유식을 사용하는 것이 좋다.

부산 해운대 특급 호텔 & 유람선 여행

아이와 함께하는 리조트형 여행으로 휴식을 취하고 싶을 때 찾으면 좋은 곳이 해운대다. 해운대에는 다양한 놀거리를 가진 대규모의 리조트는 없지만, 아름다운 전경을 자랑하는 특급 호텔들이 즐비하다. 탁 트인 바다 전망이 있는 특급 호텔에서 휴식을 취하고, 유모차를 끌고 해운대의 잘 정돈된 산책길을 걷다 쉬고 싶을 때 해변 커피숍에서 바다를 바라보며 커피 한잔의 여유를 즐겨 보자. 심심할 틈도 없다. 해운대 해변에는 아이들과 둘러보기 좋은 아쿠아리움과 해운대 해수욕장과 오륙도를 아우르는 그림 같은 바다 전경을 감상할 수 있는 해운대 유람선이 있다.

특히 해운대 유람선은 아이와 함께 즐기기에 가장 좋은 여행 수단이다. 무거운 아이를 안고 이리저리 이동할 필요도 없이 그저 아이를 안고 앉아서 시원한 바닷바람을 맞으며 가슴 가득 쌓인 스트레스를 날려 버릴 수 있다. 해운대 인근에는 해수 온천장이 모여 있다. 이곳에서 온몸의 근육을 풀어 주고 밤이 되면 해운대 인근의 누리 마루에 가 보자. 홍콩의 야경 부럽지 않은 화려한 야경이 펼쳐진다. 해운대에서 차로 2~3분 정도만 오르면 말날 수 있는 달맞이 고개도 잊지 말자. 달맞이 고개의 문탠 로드를 걸으며

추천 4개월부터
추천 이유 해운대는 특히 아이가 어릴 때 가면 좋은 곳
이다. 위생과 베이비 서비스가 좋은 탁 트인 바다 조망을
자랑하는 특급 호텔과 아이와 함께하기 좋은 다양한 볼
거리와 먹을거리가 해운대 해변을 중심으로 한곳에 모여
있다. 이곳저곳 움직이기 힘겨운 어린 아기와 함께하는
여행이라면 해운대는 베스트 오브 베스트다.

바라보는 해운대와 광안 대교의 전경은 그림엽서 한 장면을 오려 놓은 듯하다. 달맞이 고개는 많은 갤러리와 카페가 몰려 있어 한국의 몽마르트르 언덕이라 불린다. 바다를 바라보며 커피 한 잔의 낭만을 즐기기 좋다.

아이와 함께하는 최고의 **럭셔리** 여행지
파라다이스 호텔 부산

어린 아기와 함께하는 여행 스타일은 리조트형 휴식 여행이 가장 좋다. 파라다이스 호텔 부산은 해운대 해수욕장 한가운데 있어 해운대의 어떤 호텔이나 레지던스와 비교해도 최고의 전망을 자랑한다. 객실마다 테라스가 있어 해운대 바다를 객실 안으로 끌어들여 놓은 듯하다. 특히 이그제큐티브급 객실이라면 객실의 테라스 밖으로 망망대해가 아낌없이 펼쳐진다. 어린 아기와 함께라면 바닷가에서 해수욕을 즐기기는 어렵다. 하지만 파라다이스 호텔의 야외 수영장이라면 해수욕 이상의 만족을 느낄 수 있다. 호텔 건물 4층에 있는 야외 수영장은 바다와 바로 이어진 듯한 멋진 전망이 있다. 야외 수영장 옆에는 야외 온천도 있어 사계절 야외 물놀이를 즐길 수 있다.

객실과 호텔 내 시설을 이용해야 하는 시간이 많은 어린 아기와 함께하는 여행이라면 이그제큐티브 객실을 이용하는 것이 좋다. 가격은 비싼 편이지만 15~18층의 전망 좋은 신관의 최상층을 이용할 수 있고, 조식과 낮과 밤 한 차례씩 전망 좋은 전용 라운지에서 식사와 차, 다과, 칵테일 서비스를 받을 수 있다. 또한, 실내 사우나와 노천 온천, 야외 수용장을 무료로 이용할 수 있다.

Info.
파라다이스 호텔 부산
주소 부산광역시 해운대구 중동 1408-5
문의 전화 051-742-2121

해변에서 아이와 즐겁게 놀 수 있는 놀이로는 모래 놀이가 가장 좋다. 모래 놀이 세트를 준비해 가서 아이와 함께 즐거운 한때를 보내보자.

해운대 해수욕장
주소 부산광역시 해운대구 중동
문의 전화 해운대 종합 관광 안내소 051-749-4335

호텔 패키지를 이용해도 좋다. 계절마다 또는 특별한 이벤트가 있
는 날에는 대부분의 특급 호텔에서 패키지 상품을 출시한다. 저렴한
가격에 다양한 서비스를 이용할 수 있다.

화려하고 잘 정돈된 **한국의 니스, 해운대 해수욕장**

예로부터 동백이 흐드러지게 피어나는 섬으로 유명한 동백섬에서
영화 〈해운대〉의 촬영지로 유명해진 미포까지 이어진 1.8㎞에 이르는
해수욕장은 신라 시대의 명필이자 문인인 최치원이 그 아름다움에 반
하여 이름 지었다는 해운대다. 구름과 산, 바다가 어우러진 신비로운
풍광으로 시대를 초월해 사랑받아 온 해운대 백사장 너머에는 오륙
도가 점점이 떠 있다.

오륙도의 절경을 감상하기 위해서는 해운대 유람선
을 타는 것이 가장 좋다. 해운대는 많은 국제회의가 개최
되고 외국인 관광객들이 즐겨 찾는 곳으로 해변을 둘러 특
급 호텔들이 줄지어 서 있다. 호텔 앞과 모래사장 사이에는
하이힐을 신고도 편안히 산책을 즐길 수 있도록 잘 가꾸어
진 산책로가 있다. 바다와 어우러져 유려하게 굽이치
는 산책로는 유모차를 끌기에 안성맞춤이다.

해안 산책로를 걷다 해운대에서 가장 좋은 전망을 갖춘 파라다이스 호텔 라운지나 바다의 궁전이란 화려한 이름을 가진 팔레 드 시즈 1층에 있는 전망 좋은 카페에서 커피 한 잔의 낭만을 만끽해 보는 것도 좋다. 해변에서 아이와 즐겁게 놀 수 있는 놀이로는 모래 놀이가 가장 좋다. 모래 놀이 세트를 준비해 가서 아이와 함께 즐거운 한때를 보내 보자.

해운대의 서쪽 끝에 있는 조선 비치 호텔 뒤로 해안 산책로가 조성되어 있다. 해안 절벽을 따라 나 있는 산책로는 동백섬에 위치한 APEC 정상 회의장이었던 누리 마루까지 이어진다. 누리 마루가 있는 울창한 해송으로 둘러싸인 동백섬의 정상에는 최치원 선생의 동상과 비가 있다.

가오리가 춤추고, 물 속 마술 쇼가 벌어지는 부산 아쿠아리움

해운대의 중앙에 있는 아쿠아리움은 국내 최대 규모로 99개의 수족관과 80m의 해저 터널, 3,500톤의 거대한 수족관을 보유하고 있다. 총 350여 종, 5만여 마리의 바다 생물을 보존·전시하는 부산 아쿠아리움은 세계적인 아쿠아리움 건설·운영 그룹인 호주의 오세아니스 그룹이 세운 곳이다.

전시 층인 지하 2층으로 내려가면 아이들이 직접 해양 생물을 만져 볼 수 있는 터치 풀과 귀여운 펭귄과 수달이 있다. 3층은 신비로운 심해를 경험할 수 있는 곳이다. 거대한 해저 터널과 함께 눈에 익은 니모도 볼 수 있고 거대한 메인 탱크 안에서 유영하는

지하 2층으로 내려가면 아이들이 직접 해양 생물을 만져 볼 수 있는
터치 풀과 귀여운 펭귄과 수달이 있다.

부산 아쿠아리움
주소 부산광역시 해운대구 중1동 1411-4
문의 전화 051-740-1700
관람 시간 월~목 10:00 ~ 19:00 (20:00) , 금~일, 공휴일,
여름 방학 기간 09:00 ~ 21:00 (22:00)
입장료 만 13세 이상 21,000원 / 36개월~초등학생
15,000원 / 36개월 미만 무료

Info.

해운대 유람선

주소 부산광역시 해운대구 중1동 957-8 미포 유람선
선착장

문의 전화 1688-3353 / 051-742-2525

관람 시간 09:00~22:00, 40~50분 간격으로 운행 /

소요 시간 약 50분

입장료 13세 이상 19,500원, 만 2~12세 12,000원, 만

2세 미만 무료

242

무서운 상어와 가오리도 관찰할 수 있다.

하지만 가장 볼 만한 것은 공연이다. 매일 오전 11시, 오후 1시, 5시에 다이버의 손짓에 따라 이리저리 움직이는 가오리들의 환상적인 쇼는 어른이나 아이에게나 모두 잊을 수 없는 감동을 준다.

영화 〈해운대〉 촬영지 '미포'에서 떠나는 해운대 유람선 여행

해운대 오륙도 유람선은 1979년 출항 이후부터 부산을 대표하는 유람선이다. 유람선에 오르면 오륙도와 해운대의 해안 절경이 한눈에 들어온다. 국내 최대의 해수욕장인 해운대 해수욕장과 동백섬, 누리 마루, 광안 대교, 이기대, 오륙도를 돌아오는 해운대 유람선의 해상 코스는 약 오십 분이 소요된다. 유람선에 탑승하면 승객 이외의 승객이 있다. 바로 갈매기다.

무언가를 요구하는 듯한 그들의 치근거림에 준비해 온 새우깡을 던지면 다양한 묘기를 선보이며 당당하게 먹이를 가져간다. 새우깡값이 아깝지 않은 해운대 갈매기 쇼의 주인공들은 멋진 피사체이기도 하다. 갈매기들은 공중 체공 시간이 길어 사진에 문외한이라도 아이와 갈매기가 한 프레임에 들어오는 멋진 사진을 찍을 수 있다.

　바닷바람을 온몸으로 맞으며 뱃길을 달려가다 보면 오륙도가 보인다. 노련한 선장의 구수한 설명이 이어지고 생각보다 거대한 돌섬들의 절경에 눈을 뗄 수가 없다. 오륙도는 방패섬, 솔섬, 수리섬, 송곳섬, 굴섬, 등대섬으로 불리는 6개의 돌섬으로 이루어졌다. 이 중 육지와 가장 가까이 있는 방패섬과 솔섬의 아랫부분이 이어져 있어 밀물에는 두 개의 섬으로, 썰물에는 한 개의 섬으로 불려 오륙도가 된 것이다.

　광안 대교가 야경 명소로 떠오르면서 해운대 유람선도 야간 운행을 시작했다. 2003년부터 운행하는 광안 대교 야경 유람선은 최근 들어 부산 관광의 떠오르는 핫 아이템이다. 부산의 야경을 책임지는 광안 대교의 화려한 야경과 함께 해운대의 다채로운 조경 예술을 한눈에 담을 수 있다.

　유람선 선착장인 미포 선착장은 해운대 해수욕장의 동쪽 끝에 위치한 선착장으로 과거 한국 콘도와 온천장이 있던 곳을 지나면 바로 나온다. 영화 〈해운대〉의 주 촬영지였던 곳으로 영화를 본 사람이라면 눈에 익을 것이다. 영화 촬영지로는 방파제 끝에 서 있는 포장마차와 미포 선착장 인근 횟집 등이 있다.

홍콩의 야경이 부럽지 않다!
동백섬 누리 마루 야경

역대 APEC 정상 회담 회의장 가운데 가장 아름다운 풍광을 가진 회의장으로 세계적인 명성을 얻은 누리 마루. 동백섬과 바다를 사이에 두고 하늘을 뚫을 듯 서 있는 마천루에 화려한 불빛이 들어오면, 어두운 바다에 신비로운 쌍둥이 도시가 만들어진다.

이 화려한 야경을 즐기기 위해 모여든 사람 중 커플의 수는 압도적이다. 아마도 은밀하고 낭만적인 분위기 탓이리라. 광안 대교와 부산 제1의 부촌으로 떠오르는 우동의 고층 건물들이 만들어 내는 화려한 야경은 광안리 해수욕장에서 바라보는 광안 대교, 달맞이 고개에서 바라보는 해운대와 광안 대교의 야경과 함께 부산의 3대 야경으로 손꼽히고 있다.

온몸이 개운해지는
해운대 해수 온천탕

해운대의 해수 온천탕은 신라 진성 여왕이 애용했을 정도로 오래전부터 명성을 떨치던 곳이다. 미끈미끈한 느낌이 나는, 수온 45~62℃의 투명한 알칼리성의 식염천으로 부인병과 피부병에 효험이 있다. 해운대 온천수에 몸을 맡기면 온몸이 개운해진다. 특히 여행의 피로가 쌓였을 때 이용하면 좋다. 해운대 온천을 즐길 수 있는 곳은 해운대 해수욕장에서 달맞이 고개 가는 방향으로 있는 온천 사거리 주위에 밀집한 온천장들이다. 송도탕(051-746-4403)과 청풍장(051-742-0307)처럼 오래된 곳의 역사는 50년을 넘긴다. 대부분 여관을 겸하는 온천장으로 추억을 되살리는 듯한 오래된 대중탕의 분위기가 강하다. 해운대 구청 근처의 해운대 온천 센터(051-740-7000)도 오랜 역사를 자랑하는 해수 온천탕이다. 찜질방도 겸한다.

달맞이 고개 달빛 산책길
문탠 로드

과거 동백과 바다, 솔숲이 어우러진 절경으로 대한팔경 중 하나로 손꼽혔던 달맞이고개는 현재 갤러리와 고급 사진관, 멋진 인테리어를 자랑하는 카페들로 부산의 몽마르트르 언덕이라 불린다. 최근 달맞이 언덕은 문탠 로드라 불리는 산책길로 많은 사랑을 받고 있다. 문탠 로드 길은 달맞이 고개의 중간쯤에 위치한 코리아 아트 갤러리에서 달맞이 고개의 정상에 있는 어울 마당까지 1.5km가 핵심이다. 문탠 로드의 시작 지점에는 달이 그려진 표지판이 서 있어 쉽게 찾을 수 있다.

문탠 로드는 두 가지 길이 있다. 우측의 해안 절벽에 바짝

봄의 달맞이 고개는 벚꽃 터널이다. 미포에서 시작해 송정 해수욕장까지 이어지는
달맞이 고갯길 내내 벚꽃 터널이 따라온다.

들어선 해송 숲길과 차가 다니는 달맞이 길의 인도. 해송 숲 속에서 바라보는 바다와 달의 운치는 그윽하다. 하지만 유모차에 앉은 아이와 함께라면 해송 숲길이 아닌 잘 닦인 달맞이 길의 인도에서도 충분히 문탠 로드의 정취를 느낄 수 있다. 문탠 로드에서 바라본 해운대와 광안 대교의 시원한 풍광은 말 그대로 그림 엽서다. 낮에는 낮대로 밤에는 밤대로 가슴 탁 트이는 절경을 선사한다. 또한, 밤이 되면 이곳은 야경 명소로 변모한다. 수십 억 원의 예산을 들여 조성한 해운대 해수욕장과 광안리 해수욕장의 화려한 조명과 어우러진 광안 대교는 예쁜 티아라를 보는 듯하다.

봄의 달맞이 고개는 벚꽃 터널이다. 미포에서 시작해 송정 해수욕장까지 이어지는 달맞이 고갯길 내내 벚꽃 터널이 따라온다. 특히 벚꽃이 절정을 지나 떨어지기 시작할 때 달맞이 고개를 찾으면 꽃비를 맞으며 낭만적인 드라이브와 산책을 즐길 수 있다.

세계에서 가장 큰 백화점
신세계 센텀 시티

신세계 센텀 시티점은 세계에서 가장 큰 백화점으로 기네스북에 등재된 곳이다. 이 거대한 백화점 안에는 교보문고, CGV, 아이스링크, 스파 랜드가 있다. 이 중 지반 공사 중 터진 온천으로 조성한 스파 랜드는 세계 각국의 전통 사우나와 찜질 시설을 모아 놓은 럭셔리한 찜질방 겸 스파이다. 야외 족욕장과 22개의 욕탕, 13개의 찜질방, 카페, 레스토랑, 릴렉스 룸, 에스테틱으로 구성된 럭셔리한 시설과 상급 온천수여서 나날이 인기를 더해 가고 있다.

스파 랜드에는 두 종류의 온천수가 나온다. 미용 효과가 탁월하여 미인천이라 불리는 중탄산나트륨천과 기와 혈의 순환을 도와주는 식염천이다. 모든 시설에 100% 온천수만을 사용하는 스파 랜드는 신세계 센텀 시티와 함께 부산 지역의 떠오르는 관광 명소다. 안타깝게도 12세 이하의 유아와 아동은 입장할 수 없다.

BABY TRAVELING TIPS

1. 비성수기의 특급 호텔은 성수기에 비해 반값 이하의 가격으로 이용할 수 있다. 이때를 이용하면 아이와 함께 럭셔리 여행을 즐길 수 있다. 될 수 있으면 돈을 조금 더 주더라도 전망이 좋은 높은 층의 객실을 얻는 것이 좋다. 아이가 매우 어리다면 호텔 객실에서 많은 시간을 보낼 수 있다. 이럴 때 아이를 재우고 전망 좋은 호텔 객실의 테라스에서 몇 시간이고 바다만 바라보아도 충분히 여행의 해방감을 만끽할 수 있다.

2. 해운대 해변은 최성수기에는 해변의 모래 색을 찾기 힘들 정도로 많은 사람이 몰리는 곳이다. 심지어 하루에 몇십 만 명의 피서객이 왔다는 뉴스가 해마다 나오는 곳이기에 어린 아기와 함께하는 가족 여행이라면 이 시기를 피해서 가는 것이 좋다.

엄마아빠를 위한 인근 맛집

금수 복국 (051-742-3600)

해운대 해수욕장 일대의 유명한 음식으로 복국이 있다. 과거 뱃사람들이 즐겨 먹었다는 복국 맛집으로는 금수 복국(은복 지리탕 11,000원)이 있다. 지리탕인 복국이 유명하다.

미성 복어 불고기 (051-743-3575)

복어 살을 불고기처럼 볶아 주는 복어 불고기가 유명하다. 지리탕은 맵지 않고 복어 살이 연해서 아이들도 잘 먹는다. 복국을 맑은국으로 끓여 내는 복지리 탕도 금수 복국 못지않게 맛이 깔끔하다. 복어 지리 탕은 맵지 않고 복어 살이 연해서 아이들이 먹기 좋다. (복어 불고기 1인분 13,000원)

삼대 전통 재첩 국 (051-741-6506)

재첩 국만을 고집하는 곳으로 시원한 재첩 국에 깔끔한 가정식이 나와 아이와 함께 먹기 좋은 식당이다. (재첩 국 7,000원)

속 시원한 대구탕 (미포 본점 051-744-0238)

양도 많고 시원한 맛이 일품인 대구탕(9,000원)을 잘하는 집으로 속 시원한 대구탕이 있다. 해운대 유람선 선착장 앞과 해운대 해수욕장 뒤편 시내에 있는 세이브 존 앞, 두 군데에 있다.

원조 전복집 (051-742-4690)

이유식을 하는 아기와 함께 가기 좋은 식당이다. 과거 한국 콘도 옆에 있던 식당이 온천 지구 개발로 팔데 드 시즈 1층으로 이전했다. 전복죽(12,000원)과 전복 해초 비빔밥(12,000원)을 맛깔스럽게 만들어 낸다.

달맞이 고개의 음식점들

젊은 연인들의 데이트 코스로 유명한 곳이다. 낭만적인 분위기가 흐르는 레스토랑과 카페가 많다.

• 언덕 위의 집

오래전부터 유명세를 떨치는 곳으로 영화 〈엽기적인 그녀〉의 촬영 장소였다. 언덕 위의 집 야외 테이블에선 푸른 바다를 정원 삼아 식사를 즐길 수 있다. (해산물 크림 스파게티 15,000원)

• 오 해피데이 (051-744-2600)

문탠 로드의 시작점 근처에 있다. 탁 트인 해안 절벽 위에 서 있는 하얀 목조 건물의 레스토랑으로 바다를 조망하는 조망권이 탁월하다. 해운대 넘어 떨어지는 낙조가 근사한 곳이다. 양식 코스 요리로 유명한 곳이지만 런치 스페셜 메뉴도 저렴하고 알차다. (런치 토마토 해산물 스파게티 11,000원. 양식 코스 요리는 40,000〜60,000원대)

• 빈스 빈스의 부산 달맞이점 (051-744-1400)

달맞이 고개의 정상 해월정 앞에는 많은 카페가 밀집되어 있다. 대부분 카페가 좋은 조망을 가졌지만 이 중 서울 종로구 삼청동의 외플 & 커피 전문점으로 명성을 날리고 있는 〈빈스 빈스〉의 부산 달맞이점이 있어 반갑다. 아삭거리는 외플 위에 달콤한 색색의 아이스크림을 얹어 주는 아이스크림 와플이 아주 맛있다.

아이와 함께하는 추천 숙소

파라다이스 호텔 부산 (051-742-2121), 웨스턴 조선 비치 호텔 (051-749-7000)

해운대 럭셔리 여행을 즐길 만한 해운대 특급 호텔로는 파라다이스 호텔 부산이 제일 좋다. 그 밖에 좋은 곳으로는 웨스턴 조선 비치 호텔이 있다.

레지던스 팔레 드 시즈 (051-746-1010)

전망은 파라다이스보다 조금 떨어지지만 해운대 해수욕장 바로 앞에 위치하고 접근성과 전망이 좋고, 2008년 오픈한 곳으로 추천할 만하다. 레지던스나 콘도는 취사와 세탁을 할 수 있어서 아이와 함께하는 숙소로 좋다.

씨 클라우드 (051-933-1000)

레지던스로 저렴한 가격에 시설도 깔끔해서 좋다. 도로 하나를 사이에 두고 해변에서 떨어져 있지만 고층에선 해변을 조망할 수 있다.

해운대 센텀 호텔 (1588-4146)

해운대에선 조금 떨어져 있지만, 해변 조망에 미련이 없다면 저렴한 가격에 추천할 만하다. 가격에 비해 시설 수준이 좋고 바로 앞에 세계 최대 백화점 신세계 센텀 시티점이 있어 쇼핑하기도 좋다. 명칭은 호텔이지만 레지던스다.

주변에 가 볼 만한 곳

토이 뮤지엄 (051-702-0891)

해운대는 해운대 해수욕장 인근에 관광지들이 몰려 있어 아이와 여행하기 좋다. 위에서 언급한 해운대 외 지역으로는 걸을 수 있는 아이와 함께하는 여행이라면 달맞이 고개 너머 송정 해수욕장 앞 토이 뮤지엄이 좋다.

아이와 바닷가 장거리 여행에 꼭 필요한 준비물

비상약 : 해열제, 체온계, 연고, 밴드(연고와 밴드는 걷기 시작한 이후의 아기들에겐 필수지만 그 이전의 아기라면 별 필요가 없다.) / 계절에 따라 아기용 벌레 물린 데 바르는 약, 모기 쫓는 패치

장거리 여행 아기 용품 : 아기 샴푸, 아기 로션, 기저귀 다수, 물티슈, 아기 옷 세탁 세제, 여벌의 옷, 모자, 모자 달린 재킷, 부피가 작고 소리가 나는 아기 장난감들, 차에서 틀어 줄 동요 CD

외출 시 항상 휴대하는 필수 아기 용품 : 기저귀 2~3개, 물티슈, 아기 수건(턱받이), 여벌의 옷 한두 벌, 유모차, 카 시트, 아기 띠, 물과 빨대 컵, 아기 간식, 커버가 있는 아기 스푼 세트, 건강보험증, 계절에 따라 유아용 선크림과 모자

해변 여행 준비물 : 모래 놀이 세트, 모자, 유아용 선크림, 아기 고무 샌들, 갈아 입힐 옷 한두 벌, 수건

아기를 위한 여행용 Best Item

바르는 모기약 대신 사용하는 인섹트 밴드와 모기 쫓는 패치

여름에 아이와 함께 여행할 때는 모기와 같은 해충에 신경을 써야 한다. 아이가 모기에 물리면 계속 긁어 연한 피부에 상처가 생길 수 있으므로 바르는 약보다는 밴드형으로 붙이는 인섹트 밴드가 좋다. 냄새는 좀 역하지만 모기를 쫓는 옷에 붙이는 패치가 있다.

아이들이 좋아하는 캐릭터가 그려져 있어 옷에 붙이면 좋아한다. 옷 외에도 유모차, 텐트 등 다양한 곳에 활용할 수 있다. 모기 쫓는 패치는 팔찌, 목걸이 등 다양한 형태가 있지만 아이가 입으로 빨 수 있는 유형은 피하는 것이 좋다.

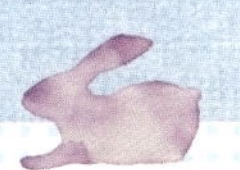

양양 쏠 비치 호텔&리조트

어린아이와 함께하는 여행은 숙소 안에서 모든 것을 해결할 수 있는 리조트형 여행이 좋다. 국내에도 아이와 함께 가면 좋은, 남태평양 섬에나 있을 법한 최고급 해양형 리조트가 있다. 양양 쏠 비치 호텔 & 리조트가 바로 그 주인공이다. 태양의 해변이라는 정열적인 뜻을 가진 쏠 비치 호텔 & 리조트는 스페인의 남부 지방 안달루시아의 낭만적인 건축 양식으로 고급스럽게 지어졌다.

쏠 비치 호텔 & 리조트에서의 휴양 여행과 양양의 볼 만한 곳

쏠 비치 호텔 & 리조트가 아기와의 여행지로 좋은 이유는 아이와 함께하는 가족들만의 특급 서비스와 시설에 있다. 쏠 비치 호텔 & 리조트는 일출로 유명한 양양의 청정한 해안을 따라 유모차 산책을 하기 좋은 아름다운 해안 산책로를 가지고 있다. 또한, 시원한 해안 조망을

Info.
주소 강원도 양양군 손양면 오산리 산23-4
문의 전화 1588 - 4888

가진 워터 파크 아쿠아 월드와 노블리스급 이상의 객실에는 테라스마다 바다를 조망하며 월풀욕을 즐길 수 있도록 월풀이 설치되어 있다. 객실 안에서는 베이비시터 서비스를 받을 수 있으며, 쏠 비치 호텔 & 리조트의 상가인 더 몰에는 유아들을 위한 놀이터 키즈 클럽까지 있다. 이외에도 해수 테라피, 해수 사우나와 다양한 레스토랑까지 갖춰 아이와 함께하는 리조트 여행지로는 최고라고 할 수 있다.

쏠 비치 호텔 & 리조트가 있는 양양은 국내 최고의 국립 공원인 설악산 국립 공원과 맑고 푸른 동해를 모두 품고 있다. 그래서 주변에 가서 볼 만한 곳이 많은 것 또한 장점이다. 관동팔경 중 하나인 낙산사, 파도에 맞서 의연히 서 있는 신비로운 사찰 휴휴암, 아름다운 미항 남애항, 설악으로 떨어지는 낙조를 가장 아름답게 조망할 수 있는 하조대 해수욕장, 산천어가 노니는 청정한 미천골 계곡과 가슴 속 탁기를 모두 거둬 가는 듯한 천혜의 자연을 간직한 미천골 자연 휴양림이 있으며, 리조트 인근엔 오산리 선사 유적 전시관이 있다. 설악과 동해의 품에 안긴 최고급 리조트의 객실에서 붉게 타오로는 동해의 일출을 감상하며 **여행의 즐거움과 휴식의 안온함**을 만끽해 보자.

객실의 테라스에선 **월풀욕**, 리조트 전용 해변에선 **해수욕**, 아쿠아 월드에선 **물놀이를**

쏠 비치 호텔 & 리조트의 노블리스급 이상의 객실은 모두 동해를 향해 탁 트인 전망을 자랑한다. 바다를 향해 팔 벌리듯 펼쳐진 테라스엔 2인용 월풀이 있다. 푸른 동해를

추천 4개월부터
추천 이유 아기와 함께하는 조용하고 편안한 휴식형 여행을 원한다면 양양 쏠 비치 호텔 & 리조트는 최선의 선택이다. 다른 곳에 가지 않고 이곳에만 있어도 편안하고 즐겁다.
럭셔리한 객실 발코니에서 월풀을 즐기며 바다를 조망할 수 있고, 바다를 굽어보는 워터 파크에서 즐거운 한 때를 보낼 수도 있다. 조용하고 깨끗한 리조트 전용 해안에서는 즐거운 모래 놀이도 할 수 있다.

설악과 동해의 품에 안긴 최고급 리조트의 객실에서 붉게 타오르는 동해의 일출을 감상하며 여행의 즐거움과 휴식의 안온함을 만끽해 보자.

바라보며 아이와 함께 전신의 피로를 풀어 주는 월풀욕을 즐길 수 있다. 해수욕을 즐기기 어려운 12개월 이하의 영아라면 바다를 바라보며 즐기는 월풀욕은 탁월한 대안이다.

쏠 비치 호텔 & 리조트는 조용하고 깨끗한 오산 해수욕장 앞에 있다. 해안에 맞닿은 리조트의 해안 산책길은 낭만적이다. 유모차에 아이를 태우고 여유로운 산책을 즐긴 후 깨끗한 모래 해변에서 아이와 함께 다양한 모래 놀이를 즐겨 보자. 아이가 피로를 느껴 객실에서 잠에 빠지면 베이비시터의 도움을 받아 평소에는 하기 어려운 작은 일탈을 즐길 수도 있다. 리조트 안에는 다른 곳에서는 받기 힘든 마르 테라피가 있다. 마르는 스페인어로 '바다'를 뜻한다. 마르 테라피는 해수, 요추, 효소, 사운드 테라피로 구성된 두 시간의 해양 테라피 프로그램이다. 이 중 효소 테라피는 쏠 비치 호텔 & 리조트 테라피 센터가 자랑하는 코스로 톱밥과 효소에 포함된 미생물 작용으로 체내 외의 독소를 제거해 준다.

쏠 비치 리조트를 유명하게 만들어 준 또 하나의 명물은 동해를 바라보며 물놀이를 즐길 수 있는 쏠 비치 리조트의 워터 파크인 아쿠아 월드다. 유아 풀과 함께 다양한 바데풀을 갖춘 실내 시설과 동해 위에 파라솔을 꽂은 듯 보이는 파라솔 존 앞으로 아이들이 놀기 좋은 야외 풀장을 갖춘 야외 시설이 있다. 야외에는 워터 슬라이드, 동굴 폭포, 태닝 존 등 다양한 시설이 있다. 하지만 아쿠아 월드 실외 시설의 장점은 단연 조망에 있다. 국내에서 유일하게 동해를 조망하며 물놀이를 즐길 수 있는 곳이다. 아쿠아 월드는 어린 아기를 데리고 오는 가족들을 위해서 아기 바구니 서비스를 하고 있다.

유모차에 아이를 태우고 여유로운 산책을 즐긴 후 깨끗한 모래 해변에서
아이와 함께 다양한 모래 놀이를 즐겨 보자.

워터 파크에서는 아이를 눕힐 만한 장소가 별로 없기에 많은 사람이 불편함을 겪는다. 아이를 계속 안고 있거나 불편한 선탠 의자 위에 수건을 깔고 눕혀야 하기에 쏠 비치 호텔 & 리조트 아쿠아 월드의 **아기 바구니 서비스**는 감동적이기까지 하다.

잊지 말고 찾아봐야 할
노천 카페와 더 몰

쏠 비치 호텔 & 리조트의 분수 광장 옆에는 노천 카페 다비도프가 있다. 귀로는 파도 소리를 듣고, 눈으로는 바다를 바라보며 커피 향에 취할 수 있는 낭만적인 야외 카페다. 이외에도 쏠 비치의 더 몰에는 오전 9시~밤 10시까지 무료로 개방하는 유아 놀이터 키즈 클럽이 있다. 그 옆에 있는 24시간 운영하는 코인 세탁실과 슈퍼, 노래방, PC방, 아이스크림 전문점 등은 아이와의 여행의 불편함을 없애 주는 고마운 편의 시설이다.

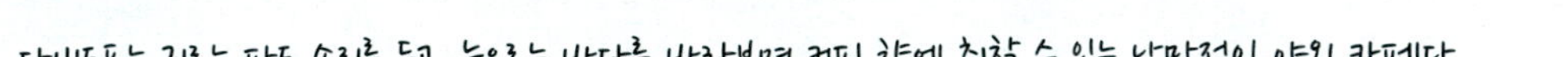

다비모르는 귀로는 파도 소리를 듣고, 눈으로는 바다를 바라보며 커피 향에 취할 수 있는 낭만적인 야외 카페다.

엄마아빠를 위한 인근 맛집

송이골 (033-672-8040)

양양을 대표하는 음식은 단연 송이다. 양양읍 주변에 있으며, 송이 영양 돌솥밥과 송이 덮밥이 유명하다. (송이 영양 돌솥밥 15,000원)

송월 메밀국수 (033-672-3696)

쏠 비치 호텔 & 리조트에서 차로 약 5분 정도 달리면 나타나는 유명한 메밀국수집이다. 시원한 동치미 국물에 메밀 면을 듬뿍 담고 김과 참깨를 아끼지 않고 뿌려 나온다. 시원한 감칠맛이 뛰어나다. (순 메밀국수 7,000원)

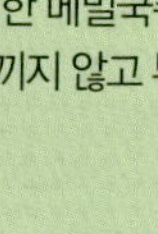

아이와 함께하는 추천 숙소

양양 쏠 비치 호텔 & 리조트

오산 해수욕장 근처 2만 5천여 평의 대지 위에 콘도, 호텔 총 443객실로 지어진 대규모 리조트다. 콘도 동으로는 별장을 뜻하는 이스탄샤(ESTANCIA) 162실, 귀족을 뜻하는 노블리(NOBLE) 31실, 저택이란 의미의 팔라시오(PALACIO) 26실로 구성되어 있다. 해변에 인접해 있는 콘도 동 뒤로는 오성급 특급 호텔인 라오텔(LAHOTEL / 224실)이 있다.

이 중 객실 테라스에 월풀이 설치된 곳은 해변 조망이 가장 좋은 노블리와 팔라시오다. 바다를 조망하기 가장 좋은 해변의 정면에 있다. 가장 많은 객실이 있는 이스탄샤 동은 총 3동으로 구성되어 있는데 이 중 이스탄샤 A동에서는 바다를 볼 수 없다.

주변에 가 볼 만한 곳

양양은 뒤로는 설악산을, 앞으로는 동해를 두고 있어 많은 관광지를 품고 있다. 또한, 차로 한 시간 이내 거리로 속초나 강릉으로 이동할 수 있다.

낙산사와 휴휴암

아이와 함께 가기 가장 좋은 양양의 관광지로는 차로 10분 이내 거리에 있는 낙산사와 휴휴암이 있다. 국내 3대 관음도량이기도 한 낙산사는 일출 명소이기도 하다. 휴휴암은 파도가 들이칠 정도로 바다 가까이에 지어진 암자로 신비로운 풍광을 가졌다.

미천골과 법수치 계곡

양양은 맑고 깊은 계곡으로 유명한 고장이다. 가장 대표적인 곳으로는 미천골과 법수치 계곡이 있다. 이 중 미천골 자연 휴양림으로 가는 길은 비록 길이 좋지는 않지만 미천골 계곡을 따라 흐르는 풍광이 그림 같다. 아이와 삼림욕을 즐기기에는 미천골 자연 휴양림만 한 곳을 찾기도 힘들다.

남애항과 하조대

양양에서 가장 아름다운 항구를 꼽으라고 하면 남애항을 들 수 있다. 영화 배경지로도 자주 애용될 정도로 작지만 아름다운 곳이다. 드라이브 삼아 다녀오면 좋다. 하조대는 양양을 대표하는 해수욕장이자 유명한 일출 명소다. 하지만 하조대의 일몰도 그에 못지않다. 하조대 해수욕장에서 붉은 해가 설악산의 거대하고 아름다운 능선을 물들이며 사라지는 광경을 목격할 때는 저절로 자연의 아름다움에 경의를 표하게 된다.

아이와 리조트로 장거리 여행 갈 때 꼭 필요한 준비물

장거리 여행 준비물

비상약 : 해열제, 체온계, 연고, 밴드(연고와 밴드는 걷기 시작한 이후의 아기들에겐 필수지만 그 이전의 아기라면 별 필요가 없다.), 계절에 따라 아기용 벌레 물린 데 바르는 약, 모기 쫓는 패치

장거리 여행 아기 용품 : 아기 샴푸, 아기 로션, 기저귀 다수, 물티슈, 아기 옷 세탁 세제, 여벌의 옷, 모자, 모자 달린 재킷(여름이라도 방풍용으로 얇은 긴팔 재킷이 있어야 한다.), 부피가 작고 소리가 나는 아기 장난감들, 차에서 틀어 줄 동요 CD

외출 시 항상 휴대하는 필수 아기 용품 : 기저귀 2~3개, 물티슈, 아기 수건(턱받이), 여벌의 옷 한두 벌, 유모차, 카 시트, 아기 띠, 물과 빨대 컵, 아기 간식, 커버가 있는 아기 스푼 세트, 건강보험증, 계절에 따라 유아용 선크림과 모자

해변 놀이 준비물 : 모래 놀이 세트, 모자, 유아용 선크림, 아기 고무 샌들, 갈아입힐 옷 한두 벌, 수건 1개

워터 파크 준비물 : 방수 기저귀 2~3개, 일반 기저귀 1개, 보행기 튜브, 아기 수영 가운, 수영복과 수영모, 스포츠 타월 또는 일반 수건 2~3개, 비치 타월 1~2개, 유아용 선크림, 물과 빨대 컵, 아기 간식

아기를 위한 여행용 Best Item

자동차 여행용 장난감

자동차 여행 시에 차 안에서 아기들이 심심해할 때 활용하면 좋은 것
이 장난감과 동요 CD다. 평소 뽀로로를 좋아한다면 뽀로로 노래 CD
를 비치해 놓고 활용하면 좋다. 장난감은 멜로디가 나오는
꼭꼭 눌러보는 장난감이나 흔들어서 소리가 나는 것들이 좋
다. 치발기를 써야 하는 월령대라면 치발기는 필수다.

아기를 위한 여행용 먹을거리

이유식기의 아기와 여행을 할 때는 이유식 재료를 가지고 가서 여행지에서 해 먹는 것이 가장 좋다. 쏠 비
치 호텔 & 리조트의 콘도 동은 취사 시설이 잘되어 있다. 재료는 리조트의 슈퍼마켓에서도 살 수 있지만
다양하지 않으므로 이유식 재료와 아기에게 줄 과일이나 간식 등은 집에서 가져가는 것이 좋다.

평창으로의 산소 여행

평창은 걷기 시작한 아기와 함께 가기에 좋은 최고의 1박 2일 여행지 중 하나이다. 평창에는 아기와 함께 둘러보기 좋은 감성 여행지 허브 나라와 작은 앵무새들과 교감을 나눌 수 있는 국내 유일의 앵무새 학교, 문학의 향기에 취할 수 있는 봉평 이효석 문학관과 생가, 월정사, 상원사, 한국 자생 식물원, 양 떼 목장, 대관령 삼양 목장 등이 있다. 또한, 보광 휘닉스 파크 리조트, 용평 리조트, 알펜시아 리조트 등 다양한 스키 리조트가 있어 아이의 월령, 계절별로 선택할 수 있는 여행지가 다양하다.

걷는 아이들에게는 조금은 다양한 경험을 할 수 있는 여행지를 선정하는 것이 좋다. 평창에는 36개월 이하의 아기들이 좋아할 만한 재미있는 체험장이 많이 있다. 이 중 어린 아기가 체험할 만한 곳으로는 작은 앵무새들에게 먹이도 주고 신기한 앵무새 쇼도 구경할 수 있는 국내 유일의 앵무새 학교와 소, 양, 염소, 타조 등 다양한 동물이 1,980만 여m²에 이르는 광활한 목장에서 자유롭게 살아가는 모습을 관찰할 수 있는 대관령 삼양 목장, 허브를 만져 보고 향을 맡아 보는 오감 체험이 가능한 허브 나라가 좋다.

추천 18개월부터
추천 이유 평창 허브 나라와 삼양 목장은 걸을 수 있는
아기와 함께 가기 좋은 곳이다. 허브 향 속에서 아장거리
는 아기와 허브 향에 취해 보고, 바다와 하늘이 이어져 보
이는 광활한 전경을 배경 삼아 대관령 능선을 따라 줄지
어 늘어선 거대한 풍력 발전기 아래에서 양, 소 떼와 함께
뛰어 노는 행복한 아이를 관찰할 수 있다.

동화 속 허브 나라

평창을 대표하는 곳으로 흥정 계곡 변에 자리한 향기로운 허브 나라가 있다. 맑고 깨끗한 흥정 계곡을 가로지르는 다리를 건너면 허브 나라로 입장이다. 매표소를 지나면 정면으로 허브 정원이 끝없이 펼쳐진다. 직선으로 조성된 허브 정원들은 중세 가든, 락 가든, 나비 가든, 코티지 가든, 셰익스피어 가든, 유리 온실, 팔레트 가든, 어린이 가든 등의 테마를 가지고 동화 속 공주님의 정원이라도 된 듯 아기자기하게 만들어져 있다. 이 중 어린이 가든은 어린아이들이 좋아하는 동화적 조형물들을 재미있게 배치해 놓아 아이들에게 인기 만점의 장소다. 겨울에도 허브의 향긋함을 체험할 수 있는 유리 온실 속에도 아이들이 좋아할 만한 조형물이 곳곳에 배치되어 있다. 아이들의 오감 발달에 좋은 허브 향은 아이들의 스트레스를 없애 주는 데 좋은 효과가 있다. 허브 나라에는 맛집으로 유명한 자작나무집이 있다. 자작나무집에서는 다양한 허브 요리를 맛볼 수 있고, 허브차를 마실 수 있으며, 허브 상품 구입이 가능하다.

허브 나라는 평창의 대표적인 물놀이 계곡인 흥정 계곡에 있어서 숙박 시설 또한 매력적이다. 앞에는 허브 정원을, 뒤에는 아름드리나무를 둔 펜션들은 뾰족한 지붕이 매력적인 목조 주택이다. 허브의 향기 속에서 숙박하며 허브 정원에서 산책을 즐기고, 흥정 계곡에서 물놀이도 할 수 있다. 여름 성수기에는 한 달 전에 미리 예약이 완료될 정도로 인기 있다.

어린이 가든은 어린아이들이 좋아하는 동화적 조형물들을 재미있게
배치해 놓아 아이들에게 인기 만점의 장소다.

Info.

허브 나라
주소 강원도 평창군 봉평면 흥정리 303번지
문의 전화 033-335-2902
관람 시간 11~4월 9:00~18:00 / 5~10월 8:30~18:00
(성수기 연장 가능)
입장료 11~4월 성인 5,000원 / 5~10월 성인 7,000원,
초등학생 미만 무료

향기로운 허브 나라는 평창을 대표하는 곳으로 흥정 계곡 변에 있다. 맑고 깨끗한 흥정 계곡을 가로지르는
다리를 건너면 허브 나라로 입장이다.

겨울에도 허브의 향긋함을 체험할 수 있는 유리 온실 속에도 아이들이 좋아할 만한 조형물이 곳곳에 배치되어 있다.

앵무새 학교
주소 강원도 평창군 용평면 노동리 375-3
문의 전화 033-333-8249
입장료 6,000(주말에만 공연이 있고 주중에는 차를 마시며 모이 체험과 사진 찍기 등을 할 수 있다.)

Info.

1970~1980년대의 교실을 재현해 놓은 앵무새 교실에는 칠판과 악보, 교단, 심지어 추억의 나무 난로까지 있다. 교단 아래는 앵무새들의 재주를 구경하고 체험할 수 있는 카페 공간이다.

노래하고 연기하는 앵무새가 있는
국내 유일의 앵무새 학교

'빵!' '털썩!' 앵무새 학교 교장의 손 권총에 맞은 앵무새가 온몸을 180도 뒤집으며 죽은 척 발라당 뒤집어진다. 생각보다 더 재미있고 신기한 모습에 부모 아이 할 것 없이 웃음바다다. 20년 동안 앵무새만을 조련하고 보살펴 온 교장과 앵무새들의 호흡이 척척 맞는다. 조수미의 아리아를 부르는 앵무새부터 자전거 타기, 밧줄 타기, 애교 부리기, 뽀뽀하기 등 다양한 재주를 부리는 앵무새들이 작은 교실 안에 가득하다. 1970~1980년대의 교실을 재현해 놓은 앵무새 교실에는 칠판과 악보, 교단, 심지어 추억의 나무 난로까지 있다. 교단 아래는 앵무새들의 재주를 구경하고 체험할 수 있는 카페 공간이다. 안주인이 손수 만든 과일 차를 마시며 앵무새들의 귀여운 재주를 감상할 수 있다.

아장아장 걷는 아기가 교장 선생님이 준 먹이를 손에 가득 들고 조그마한 앵무새에게 모이를 주는 모습은 귀엽기 그지없다. 겁도 없이 만지고 싶어 달려들기도 하지만 앵무새가 알아서 피하니 걱정 없다. 아기들의 눈높이에 맞추어서 앵무새 새장이 바닥에 내려와 있어 아이들이 새들과 눈인사를 할 수 있다. 앵무새 학교 마당에는 아이들을 위한 세발자전거 등 손때 묻은 장난감이 이리저리 돌아다니고 있다. 앵무새 학교의 주 고객이 아이들임을 말해 준다. 맑은 노동 계곡 변에 있어 여름철 나들이 장소도로 좋으며 오래된 시골 할머니 집을 연상시키는 숙박 동도 갖추고 있다. 전화로 앵무새 공연 시간을 문의하고 맞춰 가는 것이 좋다.

앵무새 학교 가는 길가에 있는 이승복 기념관도 한 번쯤 들러 볼 만하다.

소, 양, 산양, 타조와 함께 행복해지는 곳
대관령 삼양 목장

1,980만여m²의 거대한 초원 위에 세워진 대관령 삼양 목장은 동양에서 가장 큰 목장이자 남한 전체 면적의 오천 분의 일을 차지할 정도로 거대한 곳이다. 대관령 삼양 목장에 가면 눈에 보이는 모든 것들이 초록이다. 마치 초록의 바다를 보는 듯한 착각이 들 정도로 광활한 초지에 소와 양, 염소, 타조, 토끼, 거위 등이 방목되고 있다. 수백 마리의 소가 몰려다녀도 목장이 워낙 광활하기에 무리가 커 보이지도 않는다. 대관령 삼양 목장은 그 거대한 규모 때문에 걸어서 보기에는 조금 무리가 있다. 과거에는 개인 승용차로 오를 수 있었으나 현재는 목장에서 운영하는 셔틀버스를 이용해야 한다.

셔틀버스를 타고 20분이면 대관령 목장 제1명소인 동해 전망

대관령 삼양 목장에 가면 눈에 보이는 모든 것이 초록이다.

대관령 삼양 목장
주소 강원도 평창군 대관령면 횡계2리 산1-107
문의 전화 033-335-5044
관람 시간 11~1월 8:30~16:00 / 2월, 10월 8:30~16:30 /
3, 4, 9월 8:30~17:00, 5~8월 8:30~17:30
휴관일 연중무휴
입장료 성인 8,000원, / 36개월 이하 무료

대가 나온다. 동해 전망대는 해발 1,140m에 있다. 동쪽으로는 동해의 망망대해가 펼쳐지고 서쪽으로는 대관령 고원의 푸른 능선이 또 다른 파도가 되어 넘실거린다. 대관령 능선의 위에는 총 53기의 거대한 풍력 발전기가 서 있다. 강릉 인구의 60%가 이 풍력 발전기의 혜택을 보고 있다. 대관령 정상의 능선에 세워진 거대한 풍력 발전기와 푸른 초원이 만들어 내는 이국적인 풍광은 잊기 힘든 경이로움이다.

만약 어른들만의 여행이라면 1시간 20분이 걸리는 목장길을 걸어 내려가면 좋겠지만, 아이가 있다면 셔틀버스를 타고 네 곳의 정류장을 잘 활용해서 보고 싶은 곳을 둘러보는 것이 좋다. 가장 많은 사람에게 사랑받는 구간은 영화 〈연애 소설〉에 등장한 나무가 있는 곳부터 소 방목지를 지나 양 방목지까지다. 이곳에서는 영화 〈연애 소설〉, 드라마 〈베토벤 바이러스〉 등이 촬영되었다. 셔틀버스의 종착점이나 시발점인 광장에서 도보로 10분 정도의 거리에는 아이들을 위한 소규모 목장이 조성되어 있다.

산양, 타조, 거위, 토끼 등의 작은 동물이 여유롭게 조성된 울타리 안에서 아이들의 사랑을 듬뿍 받고 있다. 타조 방목지 앞에는 젖소 모형의 바람(WISH & WIND) 우체통이 있다. 목장에서의 추억이 담긴 엽서를 지인들에게 부칠 수 있다. 이외의 명소로는 드라마 〈가을 동화〉에서 은서 준서의 집으로 나왔던 곳과 주목 공원 등이 있다.

엄마아빠를 위한 인근 맛집

물레방아 (033-336-9004)

평창 허브 나라는 봉평읍과 가깝다. 봉평읍으로 나가면 평창에서만 맛볼 수 있는 특별한 메밀 음식을 먹을 수 있다. 〈메밀꽃 필 무렵〉으로 문학 여행지로 주목받는 봉평읍은 작아서 더욱 정감 가는 곳이다. 시내 인근에 있는 이효석 문학관 근처에 음식점들이 몰려 있다. 이 중 평창군 관광 안내소 길 건너에 있는 물레방아집의 메밀국수(6,000원), 묵사발(6,000원), 메밀 전병(5,000원) 등의 메밀 음식은 깔끔한 맛으로 유명하다. 살얼음이 살짝 낀 시원한 육수에 메밀묵을 담뿍 담고 오이채, 김, 깨, 송송 썰은 새콤한 김치를 얹은 묵사발이 별미다.

아이와 함께하는 추천 숙소

보광 휘닉스 파크 (1588-2828) **& 한화 리조트 휘닉스 파크** (033-334-6100)

평창 허브 나라와 가까운 리조트로는 보광 휘닉스 파크가 있다. 보광 휘닉스 파크에는 아이들과 함께 놀기 좋은 워터 파크, 블루 캐니언이 있다. 하지만 보광 휘닉스 파크는 지어진 지 오래되어 시설이 낡은 편이다. 시설 면에서는 한화 리조트 휘닉스 파크가 낫고 편의성 면에서는 보광 휘닉스 파크가 좋다.

알펜시아 리조트 (033-339-0000)

스키의 고장이라고 불리는 평창에는 많은 숙박 시설이 있다. 이 중 2009년 개장한 알펜시아 리조트의 호텔과 콘도가 깨끗하다. 하지만 같은 평창이라고 하더라도 거리가 있는 편이다. 알펜시아 리조트는 인터 콘티넨털 1급 호텔과 홀리데이 인 2급 호텔 그리고 콘도로 구성되어 있다. 영화 〈국가 대표〉의 촬영지로도 유명하다.

주변에 가 볼 만한 곳

평창은 상원사, 월정사가 있는 오대산 국립 공원과 허브 나라, 양 떼 목장, 대관령 삼양 목장, 보광 휘닉스 파크, 용평 리조트, 알펜시아 리조트, 봉평 이효석 문학관과 생가 등 볼 것 많고 즐길 것 많은 곳이다.

이 중 걷지 못하는 아이와 함께 둘러보면 좋은 곳으로는 월정사 전나무 숲길, 용평 리조트의 곤돌라, 휘닉스 파크의 워터 파크 블루 캐니언을 꼽을 수 있다.

용평 리조트의 곤돌라는 아기가 어려서 많이 이동하기 불편한 부모들에게 평창의 아름다운 산하를 한눈에 담을 수 있는 숨겨진 관광 아이템이다. 가을과 겨울의 풍광이 특히 인상적이다.

이제 막 걷기 시작한 아이와 1박 2일 여행 갈 때

꼭 필요한 준비물

1박 2일 일정의 여행이라면 세탁에 필요한 세제를 제외하고는 장거리용 아기 준비물을 모두 챙겨 가야 한다.

비상약 : 해열제, 체온계, 연고, 밴드(연고와 밴드는 걷기 시작한 이후의 아기들에겐 필수지만 그 이전의 아기라면 별 필요가 없다), 계절에 따라 아기용 벌레 물린 데 바르는 약, 모기 쫓는 패치 등

장거리 여행 아기 용품 : 아기 샴푸, 아기 로션, 여벌의 옷, 모자, 모자 달린 재킷, 기저귀 다수, 부피가 작고 소리가 나는 아기 장난감들, 차에서 틀어 줄 동요 CD

외출 시 항상 휴대하는 필수 아기 용품 : 기저귀 2~3개, 물티슈, 아기 수건(턱받이), 여벌의 옷 한두 벌, 물이 담긴 빨대 컵, 유모차, 카 시트, 아기 띠, 아기 간식, 커버가 있는 아기 스푼 세트, 건강보험증, 계절에 따라 유아용 선크림과 모자

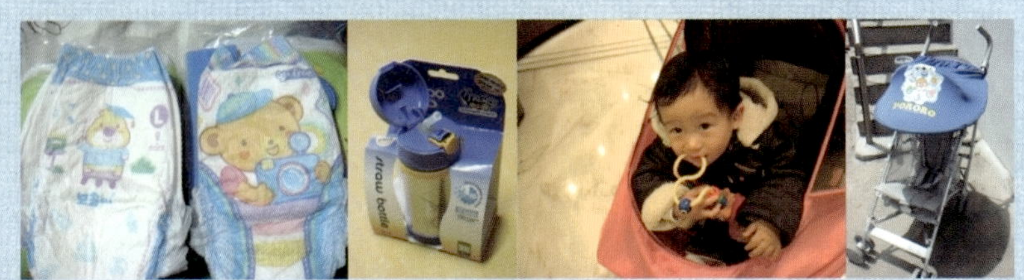

THE STATION

경주로 떠나는 벚꽃 & 유채꽃 여행

꽃 여행은 아이들의 감성 발달에 매우 좋다. 봄, 그중에서도 4월 초 단 1~2주일 정도만 절정의 아름다움을 뽐내고 사그라지는 벚꽃 여행은 시간과의 싸움이다. 벚꽃은 꽃봉오리가 어여쁜 다른 꽃과는 다르게 절정의 시기를 지나 꽃비가 내리는 마지막 순간이 가장 아름답다.

국내의 벚꽃 여행지 중 아이와 함께 가기 좋은 곳으로는 지형이 평탄하고 아이들과 함께 둘러보기 좋은 곳이 많은 경주가 좋다. 경주는 대릉원 돌담 벚꽃 길과 반월성, 김유신 장군 묘 벚꽃 길 그리고 보문 단지 일대가 최고의 벚꽃 관광지로 꼽힌다. 경주의 벚꽃을 즐기는 가장 좋은 방법은 유모차에 아이를 태우고 대릉원 담을 따라 꽃비를 맞으며 그윽한 산책을 즐기거나, 아이 좌석이 딸린 자전거를 빌려 벚꽃과 유채 꽃이 경쟁하듯 서로의 자태를 뽐내는 대릉원부터 반월성까지 또는 푸른 보문호와 어우러진 벚꽃의 향연을 감상하며

추천 4개월부터
추천 이유 지대가 평탄하고 아름다운 산책 코스가 많은
경주는 걷지 못하는 아이와 함께하는 유모차 여행지로
좋다.
또한, 경주는 돌 전의 아이와 즐기기 좋은 대명 리조트와
한화 리조트의 워터 파크가 있고, 걷고 뛰는 아이들이 좋
아하는 희귀 동물 체험전이나 사이언스 뮤지엄, 경주 엑
스포 등 어린이 관광지가 많아 다양한 연령대의 아이들
과 함께하기 좋은 곳이다.

대릉원
주소 경상북도 경주시 황남동 53
문의 전화 054-772-6317
관람 시간 08:30 ~ 22:00 / 연중무휴
입장료 1,500원

보문호 호숫길을 천천히 달려 보는 것이다.

2만 3,000그루에 달하는 경주의 벚꽃은 시내에서 시작해 3~4일의 간격을 두고 보문호를 거쳐 불국사 가는 길로 서서히 번져 간다. 연분홍빛 꽃구름이 세력을 확장해 가며 경주의 모든 거리를 접수해 가는 모습은 어여쁜 아기씨의 얼굴에 화사한 미소가 번지는 듯하다.

고분의 능선을 따라 고즈넉한
벚꽃 돌담 길을 걸어 보자

신라 천년의 신비를 간직하고 있는 대릉원 돌담 길은 덕수궁 돌담 길 못지않게 그윽하고 낭만적이다. 신라 고분들이 만들어 내는 신비로운 푸른 능선을 보드랍게 감싸는 대릉원 돌담을 따라 벚나무들이 한적한 도로를 사이에 두고 서로의 손을 맞잡고 벚꽃 터널을 이루고 있다. 이 길은 자전거를 타기보다는 천천히 걸어 보는 것이 좋다. 대릉원 정문을 바라보았을 때 우측 골목길을 따라 쭉 이어지는 이 벚꽃 길은 천천히 사진 찍고, 수다도 떨면서 걸어도 왕복 30분이면 족하다.

유네스코 세계 문화유산인 대릉원 경내도 유모차 산책지로 좋다. 약 12만 6,500m²에 이르는 대릉원 안에는 천

마총과 함께 크고 작은 23기의 고분이 모여 있다. 푸른 고송들이 거대한 고분 사잇길을 에두르고 있고, 굴곡 없이 잘 닦인 능로는 유모차를 끌기에 알맞다. 대릉원을 관람할 때는 천마총 앞에 있는 문화유산 해설사의 안내를 받는 것이 좋다. 이런저런 이야기를 들으며 관람하면 몇 배는 더 흥미롭다

천년 고도의 슬픔을 간직한 **반월성 벚꽃**과 거대한 **유채 꽃밭의 하모니**

대릉원 앞에서 첨성대를 지나 계림, 반월성, 내물왕릉, 임해전지(안압지)까지 아우르는 동부 유적 지대는 유네스코 지정 세계 문화유산이다. 66만 8,121m²에 달하는 거대한 유적 지대는 봄이 되면 꽃 잔치가 벌어진다. 토성인 반월성에 꽃잎 무성한 벚나무들이 흐드러지게 꽃봉오리를 피워 올리고, 그 아래로 수만 평의 유채 꽃밭에 유채

토성인 반월성에 꽃잎 무성한 벚나무들이 흐드러지게 꽃봉오리를 피워 올리고, 그 아래로 수만 평의 유채 꽃밭에
유채 꽃이 노랑 꽃송이를 들어 올리면 아이와 어른 모두 화사한 봄기운에 취하게 된다.

꽃이 노란 꽃송이를 들어올리면 아이와 어른 모두 화사한 봄기운에 취하게 된다.

신라 시대 경주 동부 사적 지대는 왕도의 중심지였다. 반월성은 왕이 사는 성이 있는 곳이라 해서 재성으로도 불렸다. 지금은 쇠락하여 무너져 내리는 형태를 잡기 급급한 토성만이 남아 있지만, 그 위에 피어난 벚꽃은 애잔한 아름다움의 극치를 보여 준다. 현재 내물왕릉과 함께 몇 기의 왕릉이 이 지구에 신비롭게 서 있지만 이외에도 많은 사람이 무심히 밟고 지나가는 이 유적지의 지하에는 수십 기의 고분이 남아 있다.

넓은 경주 동부 사적 지대는 자전거로 돌아보는 것이 좋다. 대릉원 앞에서 자전거를 빌려 아이를 뒤에 태우고 꽃바람을 맞으며 첨성대를 지나 반월성을 향해 달려 보자.

노란 유채 꽃과 반월성 벚꽃의 조화가 너무나 아름답다. 지형 또한 평탄하여 아이와 자전거 하이킹을 하기에 더없이 좋은 곳이다. 유적지의 끝자락에 있는 임해전지(안압지)는 밤이 더욱 아름답다. 화려한 조명이 들어오면 과거 신라 별궁의 화려함이 되살아나는 듯하다.

화려한 경주의
벚꽃 야경

벚꽃 시즌이 되면 경주시의 주요 벚꽃 길에는 조명이 화사하게 점등된다. 보문호를 에두르는 보문로, 경주 IC에서 경주 시내 방향으로 달리는 서라벌 대로, 김유신 장군 묘 진입로인 형산강가 드라이브 길 흥무로 등에는 수백 개의 조명이 설치되어 벚꽃의 화려함에 치장을 더한다. 이외에도 반월성, 안압지, 대릉원, 첨성대 등 동부 사적 지대 일대의 모든 시설에 화려한 조명 시설이 되어 있어 벚꽃과 어우러진 노천 박물관의 분위기는 몽롱할 정도로 신비롭다. **어두운 밤 화려한 조명을 받은 벚꽃은 또 다른 모습이다.**

어두운 밤하늘을 배경으로 연분홍빛 연한 꽃잎은 은은한 분홍빛을 띤 투명한 크리스털 같다. 야간 벚꽃 구경의 마침표는 안압지에서 찍자. 바다를 그리며 조성한 안압지의 호수는 어느 곳에서 바라보아도 호수의 전경이 한눈에 들어오지 않는다. 까만 인공 호수 물 위로 화려한 조명으로 빛나는 임해전의 모습이 너무나 신비롭다. 2010년 여름 이전까지만 해도 안압지에서는 토요일 밤마다 다채로운 문화 공연이 펼쳐졌다. 현재는 시내의 노동고분군 내에 생긴 봉황대 상설 공연장에서 공연이 진행된다. 해마다 공연 요일과 시간이 바뀌므로 문의 후 관람하는 것이 좋다.

Info.

봉황대 상설 공연장
주소 경상북도 경주시 노동동 261번지
문의 전화 054-748-7721

안압지
주소 경상북도 경주시 인왕동 26-1
문의 전화 054-772-4041
관람 시간 09:00 ~ 22:00 / 연중무휴
입장료 1,500원

흥무로와 김유신 장군 묘 벚꽃 길

김유신 장군 묘로 가는 형산강가 벚꽃 길 '흥무로'는 외지 사람들보다 경주 사람들에게 더욱 사랑받는 벚꽃 길이다. 형산강을 따라 흥무대왕 김유신 장군 묘까지 이어지는 이 아름다운 드라이브 길은 건설 교통부가 선정한 '아름다운 한국의 길 100선' 중 하나다. 길지는 않지만 벚나무들의 수령이 대릉원 쪽보다 오래되어 당당하고 화려하다. 강가 둑방 길을 따라 조성된 벚꽃로의 화사함도 매혹적이지만 숨겨진 벚꽃 명소는 또 다른 곳에 있다.

경주 벚꽃 길 중 최고를 뽑으라면 김유신 장군 묘를 지나 내려가는 길을 꼽을 수 있다. 많은 사람이 흥무로의 화려함에 빠진 동안 김유신 장군 묘의 주차장을 지나 고개의 반대로 넘어가면 눈앞에 또 다른 세상이 펼쳐진다. 하늘을 모두 가린 벚나무는 구부러질 줄 모르고 도로의 양편에서 경쟁하듯 하늘로 뻗어 올라갔다. 그래서 이 벚나무 가로수 길 하늘에는 아치 터널이 아닌 삼각형의 벚나무 지붕이 만들어졌다. 이 길의 거대한 벚나무는 참으로 도도하고 우아해 보인다. 여타의 벚나무와 다르게 절대 고개 숙이지 않고 하늘로 뻗어 나간 모습이 신비롭고 아름답다.

Info.

김유신 장군 묘
주소 경상북도 경주시 충효동 산 7-10
문의 전화 054-749-67131
관람 시간 동절기(9:00~17:00), 하절기(9:00~18:00)
휴관일 연중무휴
입장료 성인 500원

애드벌룬 타고
보문호 벚꽃 구경

보문호의 벚꽃은 보통 경주 시내보다 3~4일 정도 늦게 개화한다. 유역 면적 3,388m²에 이르는 거대한 호수로 인해 기온이 낮아지기 때문이다. 그래서일까? 시내의 벚꽃보다 보문호의 벚꽃이 더욱 풍성하고 화사하게 보인다. 보문호를 에두르는 보문로를 따라 조성된 벚꽃 길을 즐기는 가장 좋은 방법은 **자전거 하이킹**이다.

하이킹이 힘들다면 열기구(054-777-0263)를 타 보자. 강철 와이어로 연결된 열기구에 탑승하면 150m 상공까지는 금방이다. 하늘에서 바라본 보문 단지의 벚꽃은 분홍빛 솜사탕 같다. 사방 거칠 것 없는 시원한 전경을 보여 주는 열기구의 탑승 시간은 15분으로 경주를 한눈에 모두 담을 수 있다. 한화 리조트 인근에 탑승장이 있다.

보문호를 에두르는 보문로를 따라 조성된 벚꽃 길을 즐기는 가장 좋은 방법은 자전거 하이킹이다.

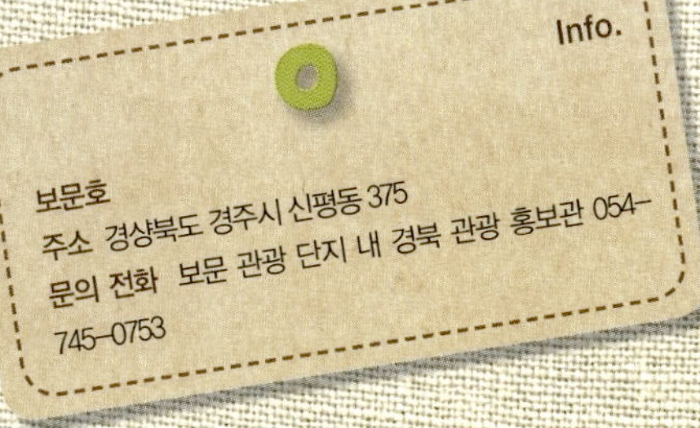

엄마아빠를 위한 인근 맛집

경주 시내 관광의 중심지인 대릉원 인근에 많은 맛집이 포진해 있다. 쌈밥, 한정식, 비빔밥, 콩국 등 이유식을 뗀 아이와 함께 외식하기 좋은 곳이다.

도솔 마을 (054-748-9232)

대릉원 근처에 있는 한정식으로 유명한 집이다. 100여 년이 넘은 운치 있는 한옥에서 부추 전, 묵사발, 양배추 두부 쌈, 고등어 우거지 조림, 된장찌개, 돼지 불고기, 콩잎, 묵은지 등으로 수수하면서도 감칠맛 나는 한정식을 만들어 낸다. 대릉원을 마주 보고 왼편의 작은 골목으로 진입해서 담을 끼고 걸으면 5분이면 도착한다. 경주에서 가장 맛깔스러운 한정식집이다. (수리산 정식 9,000원 / 영업시간 11:30~21:00 / 매주 월요일은 휴무)

삼포 쌈밥집 (054-749-5776)

경주를 대표하는 음식으로는 쌈밥과 한정식, 황남빵 등이 있다. 다채로운 채소와 스무 가지가 넘는 반찬 수를 자랑하는 쌈밥집들은 대릉원 정문 근처에 밀집해 있다. 유명세를 탄 식당들 중 이 곳이 가장 깔끔한 맛을 낸다. (쌈밥 10,000원)

숙영 식당 (054-772-3369)

경주의 또 다른 맛집인 찰보리밥으로 유명한 집이다. 대릉원 후문에서 정문 쪽으로 가는 좁은 도로변에 있다. 밥을 지을 때 찹쌀을 같이 넣어서 입에 착 달라붙는 '감칠맛 나는' 보리밥이다. 이 찰기 도는 보리밥에 도라지, 미나리, 고사리 등 일곱 가지나물을 넣고 양념과 참기름을 듬뿍 넣은 후 비벼 먹으면 여행의 또 다른 즐거움을 느낄 수 있다. 꽁치구이, 된장찌개, 달걀말이 등 다양한 밑반찬이 나와 즐거움을 더한다. (찰보리밥 정식 9,000원)

경주 원조 콩국 (054-743-9644)

대릉원 근처에 있는 오십여 년의 전통을 가진 콩국 전문점이다. 대표 메뉴는 고소한 콩국에 달콤한 찹쌀 도넛을 잘라 넣은 콩국이다. 달콤하고 고소한 맛이 일품이지만 식사로 하기에는 양이 적다. 콩국은 들어가는 재료에 따라 검은콩, 검은깨, 꿀, 찹쌀 도넛을 넣은 A 코스(5,000원)와 참기름,

들깨, 달걀노른자, 흑설탕을 넣은 B 코스(4,000원), 그리고 찹쌀 도넛, 들깨, 달걀 노른자, 흑설탕을 넣은 C 코스(4,000원)가 있다. 이외의 메뉴로는 콩국수(6,000원)가 맛있다.

황남빵 (054-749-7000)

황남빵은 이름의 유래 그대로 지금도 황남동에 있다. 경주역에서 도보로 10분, 대릉원 후문 근처에 있다. 황남빵은 국산 팥으로 앙금을 만들고, 얇은 빵 껍질 안에 팥 앙금을 가득 넣고 국화나 와당 문양을 찍은 후 구워 만든다. 방부제를 넣지 않고 손으로만 만드는 것으로 유명한 황남빵은 전국 택배 서비스를 할 정도로 인기 있는 경주만의 특산품이기도 하다. 갓 구운 황남빵은 우유와 함께 먹으면 든든한 간식이 된다. 돌 지난 아이라면 간식으로 주기 좋다.

아이와 함께하는 추천 숙소

대명 리조트 (1588-4888) & 한화 리조트 (054-745-8060)

아이와 함께하는 숙소는 경주 시내보다 보문 단지에 밀집해 있다. 아이와 함께 여행할 때는 취사가 가능하고 온돌이 있는 콘도가 편하다. 보문호 바로 앞에 있는 경주 대명 리조트(1588-4888)와 보문호를 내려다보는 언덕 위에 있는 경주 한화 리조트(054-745-8060)가 가족 여행 숙소로 좋은 평가를 받고 있다. 이 두 곳이 가족 여행 숙소로 주목받는 것은 워터 파크 덕도 있다.

한화 리조트는 워터 파크 스프링 돔을, 대명 리조트는 아쿠아 월드를 운영하는데 대명 리조트의 아쿠아 월드는 야외 워터 파크 시설이 좋아 인기가 높다. 한화 리조트의 스프링 돔은 대명의 아쿠아 월드보다 규모도 작고 야외 시설이 미흡하지만, 깨끗하고 유아와 아동을 위한 가족 워터 파크로 잘 디자인되어 있다. 좀 더 깨끗한 시설을 원한다면 한화 리조트 스프링 돔을, 액티비티한 야외 시설과 보문호를 바라보는 아름다운 전망을 원한다면 대명 리조트가 좋다. 워터 파크만 비교하자면 걷지 못하는 유아는 한화 리조트 스프링 돔을, 걷고 뛰는 게 자유로운 아이들은 대명 리조트 아쿠아 월드가 낫다.

주변에 가볼 만한 곳

보문 단지

경주는 어른 아이 할 것 없이 볼거리와 즐길거리가 많은 곳이다. 경주로의 여행은 장기 여행을 계획하는 것이 좋다. 봄에는 벚꽃과 봄꽃, 여름에는 바다와 호수, 워터 파크, 가을에는 단풍이 그윽할 뿐만 아니라 아이들과 구경하고 체험할 것이 가득하다. 특히 보문 단지에 아이들과 함께 즐길 만한 것이 몰려 있다.

신라 밀레니엄 파크 (054-748-3011)와 경주 엑스포 공원 (054-748-3011)

드라마 〈선덕여왕〉의 촬영지인 신라 밀레니엄 파크(성인 18,000원 / 초등학생 이하 11,000원)에는 아이와 어른을 위한 다양한 공연과 체험거리, 볼거리들이 있다.

경주 엑스포 공원(성인 7,000원 / 36개월 이하 무료)에는 아이들을 위한 캐릭터 전시관과 애니메이션 상영관 등 아이들만을 위한 시설이 다양하다. 이 중 밀레니엄 파크에서 진행하는 공연 '화랑의 도'는 국내에서 가장 호쾌한 마상 무술 쇼라 불려도 부족함이 없을 정도다. 성인들과 조금 큰 남자아이들에게 폭발적인 인기를 얻는 무대다.

경주 엑스포 공원 경주 타워의 야간 레이저 쇼 또한 아이들이 가장 좋아하는 볼거리 중 하나다.

아이와 따뜻한 봄날 여행 갈 때 꼭 필요한 준비물

아이와 함께 자전거 하이킹을 할 때는 목에 끈이 있는 모자를 씌우는 것이 좋다. 유모차 산책을 할 때는 유모차 후드를 깊이 씌우면 시야가 가려져 아이가 싫어하므로 시야도 가리지 않고 햇볕도 차단해 주는 선셰이드를 해 주는 것이 좋다. 경주는 1박 2일이나 2박 3일 정도의 일정으로 여행 가면 좋다.

비상약 : 해열제, 체온계, 연고, 밴드(연고와 밴드는 걷기 시작한 이후의 아기들에겐 필수지만 그 이전의 아기라면 별 필요가 없다.), 계절에 따라 아기용 벌레 물린 데 바르는 약, 모기 쫓는 패치

장거리 여행 아기 용품: 아기 옷 세탁 세제, 아기 샴푸, 아기 로션, 기저귀 다수, 물티슈, 여벌의 옷, 모자, 모자 달린 재킷, 부피가 작고 소리가 나는 아기 장난감들, 차에서 틀어 줄 동요 CD

외출 시 항상 휴대하는 필수 아기 용품: 기저귀 2~3개, 물티슈, 아기 수건(턱받이), 여벌의 옷 한두 벌, 유모차, 카 시트, 아기 띠, 물이 담긴 빨대 컵, 아기 간식, 커버가 있는 아기 스푼 세트, 건강보험증, 계절에 따라 유아용 선크림과 모자

아기를 위한 여행용 Best Item

유모차용 양산

햇볕은 다양한 각도로 들이치기에 어떤 유모차 후드라도 모든 햇볕을 차단하지는 못한다. 특히 휴대용 유모차의 차양으로는 턱없이 부족한 것이 현실. 이때 이용하면 좋은 것이 유모차 양산이다. 집게 형식이나 조이는 형식으로 유모차의 프레임에 장착해 여러 각도로 구부려 사용할 수 있다. 햇볕 뜨거운 날, 돌 전의 걷지 못하는 아이와 함께하는 유모차 여행에 있으면 좋은 아이템이다. 인터넷에서 10,000원대에서 4만~5만 원대까지 다양하게 구매할 수 있다.

엄마들을 위한 유모차용 양산과 우산 꽂이도 있다. 비가 오거나 햇볕이 강할 때 유모차를 모는 동안 불편함을 느끼는 엄마들이 많다. 이럴 때 유모차에 우산이나 양산을 고정하는 액세서리가 유모차용 양산과 우산 꽂이다. 인터넷으로 구매할 수 있다.

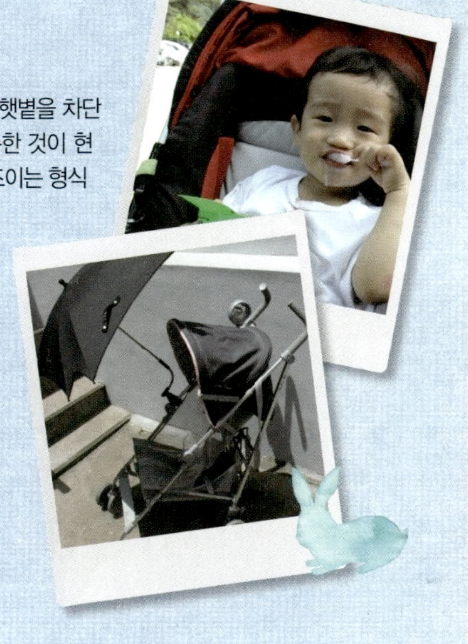

겨울 여행

맑은 물로 유명한 평창에는 국내 유일의 천연 광천수를 사용하는 워터 파크 블루 캐니언이 있다. 블루 캐니언은 국내의 대표적인 스키장 리조트인 보광 휘닉스 파크에서 야심 차게 준비해 2008년 개장한 가족형 워터 파크다. 면역력이 약한 12개월 이하의 아기를 데리고 물놀이할 때에는 수질과 시설의 위생 상태를 꼭 살피고 가야 한다. 아이가 13개월 때 데리고 간 이천의 한 유명 온천 워터 파크에서는 동행했던 어른 네 명, 아이 두 명이 모두 피부병과 장염을 일으킬 정도로 수질이 안 좋았다. 그런 면에서 지하 700미터 암반에서 끌어올린 천연 암반수를 사용하는 블루 캐니언은 합격점을 줄 만하다.

게다가 아이들과 함께 둘러볼 만한 여행지가 많은 평창에 있어 사계절 어느 시기에 여행해도 좋은 곳이다. 겨울철에는 보광 휘닉스 파크에서 운영하는 눈썰매 테마 파크 스노우 빌리지와 워터 파크 블루 캐니언에서 눈썰매와 물놀이를 함께 즐기기 좋으며, 봄, 여름, 가을에는 봉평 허브 나라, 아이들이 좋아하는 앵무새 학교와 대관령 삼양 목장을 연계해서 둘러보면 좋다.

추천 12개월부터
추천 이유 블루 캐니언만 이용한다면 돌 전의 아기들도
즐거울 수 있지만, 눈썰매장도 이용하는 겨울 여행이라
면 돌 지난 아기와 함께하는 것이 좋다.
잘 걷는 아기들이라면 눈 밭을 뛰어다니며 환호하고 눈
을 만지고, 파고, 뭉치고, 던지며 다양한 관찰 활동을 하
며, 눈썰매도 곧잘 탄다.

아기자기한 물놀이 시설이 돋보이는
블루 캐니언

블루 캐니언은 다른 워터 파크와 비교해서 특별히 규모가 크거나 스릴 넘치는 물놀이 시설이 많은 곳은 아니다. 보광 휘닉스 파크에서 지중해풍으로 설계해서 2008년 야심 차게 오픈했지만, 블루 캐니언보다 스릴 넘치는 물놀이 시설을 갖춘 곳도 몇 곳 있는 것이 사실이다. 하지만 블루 캐니언만큼 아이들을 위한 시설을 잘 갖춘 워터 파크는 찾기 힘들다. 또한, 개장한 지 몇 년 되지 않아서 시설이 깔끔하고 100% 천연 광천수를 사용하여 수질이 좋아 엄마들의 선택을 받기에 모자람이 없다.

블루 캐니언의 실내는 아기들을 위한 시설인 유아 풀, 개구리 풀, 유수 풀과 부모와 아기가 함께 즐기기 좋은 바데 풀과 이벤트 스파, 파도 풀 그리고 두 종류의 슬라이드로 구성되어 있다.

실내 파도 풀은 폭 8m, 길이 25m, 최대 수심 1.8m로 어린이들에게 바다를 체험하게 해 줄 수 있는 작지만 강력한 파도 풀이다. 구명조끼를 반드시 착용해야 하는데 14개월의 아기에게 워터 파크에서 대여하는 가장 작은 크기의 구명조끼를 입혀도 이불을 덮은 듯 컸다. 아기를 데리고 파도 풀을 체험해 보고 싶은 부모라면 사전에 유아용 구명조끼를 구매하는 것이 좋다. 엄마 아빠가 꼭 안고 파도 풀에 들어가도 아직은 즐길 수 있는 월령대가 아닌지 무서워하기만 했던 기억이 새롭다. 하지만 반년 뒤 다시 찾았을 때에는 꽤 즐거워하며 놀았으니, 파도 풀에서 부모와 함께 즐기기 위해서는 일반적으로 최소한 두 돌은 넘어야 할 듯싶다.

블루 캐니언만큼 아이들을 위한 시설을 잘 갖춘 워터 파크는 찾기 힘들다. 또한, 개장한 지 몇 년 되지 않아서 시설이 깔끔하고 100% 천연 광천수를 사용하여 수질이 좋아 엄마들의 선택을 받기에 모자람이 없다.

유수 풀은 실내와 실외를 아우르는 시설이다. 폭 3m, 길이 125m, 수심 1m의 시설로 약하긴 하지만 약간의
출렁임도 있도록 설계되어 있다. 보행기 튜브에 탄 아기와 함께 물의 흐름에 몸을 맡기는 재미가 있다.

개구리 풀과 어린이 풀

　파도 풀에 인접해 있는 개구리 풀과 어린이 풀은 유아들을 위한 시설로 24개월 이하의 아기라면 가장 많은 시간을 보내는 곳이다. 수심 35cm의 유아 놀이 공간인 개구리 풀에는 푸른색의 덩치 큰 개구리가 빨간 혓바닥을 내려놓고 있다. 앙증맞은 아기 슬라이드다. 잘 걷는 아기라면 두 돌 전의 아기라도 혼자서 충분히 내려올 수 있다.

　열대 야자수와 난파선 슬라이드로 꾸며진 유아 풀은 수심 57cm로 개구리 풀보단 약간 깊으며 아이들이 좋아하는 동화적인 분위기로 꾸며져 있다. 꼬마 해적이 되기에 좋은 난파선 슬라이드는 두세 돌만 되어도 혼자서 잘 내려올 수 있다. 그 이전의 아기라면 부모와 함께 즐기기에 좋은 시설이다. 유아를 보행기 튜브에 태워서 끌고 다니며 물놀이를 즐기기 좋은 곳이다.

　유수 풀은 실내와 실외를 아우르는 시설이다. 폭 3m, 길이 125m, 수심 1m의 시설로 약하긴 하지만 약간의 출렁임도 있도록 설계되어 있다. 보행기 튜브에 탄 아기와 함께 물의 흐름에 몸을 맡기는 재미가 있다. 유스 풀 중간마다 물줄기가 떨어지는 곳이 세 곳 있다. 이럴 때는 보행기 튜브의 햇빛 가리개를 씌워서 아이가 최대한 물을 맞지 않게 해야 한다. 가끔 재미로 물벼락을 맞히는 부모가 있는데 아기들은 생각 이상으로 매우 놀란다.

물 마사지가 시원한
바데 풀

실내와 실외가 연결된 바데 풀은 다양한 수치료 기능을 갖춘 아홉 개의 물마사지 설비를 갖추고 있다. 바데 풀에는 튜브를 사용할 수 없으므로 아기를 안고 느슨한 마음으로 휴식을 취하는 것이 좋다.

실내에도 보디 슬라이드가 두 종류 있다. 높이 5m의 난이도가 약한 보디 슬라이드 2는 취학 전 아동들도 혼자서 곧잘 타는 슬라이드로 실내 2층에서 출발해서 유스 풀로 떨어진다. 보디 슬라이드 1은 높이 8m의 슬라이드로 실내 3층에서 출발해 야외 유스 풀로 떨어진다. 어른들 수준에서는 그리 무섭지 않지만 취학 전 아이들이 이용할 만한 수준은 아니다.

물놀이로 체온이 떨어진 아이와 함께 휴식을 취하기 좋은 곳이 이벤트 스파다. 세 개의 이벤트 스파는 수심 65cm로 어린이 풀 옆에 있다. 한방 탕, 허브 탕 등으로 테마를 가진 이벤트 스파는 테마에 맞는 천연 입욕제를 풀어 노랗고, 붉고, 푸른 물색을 자랑한다. 실내에는 수유실과 어린이 놀이방이 잘 갖추어져 있다. 아이가 물놀이가 재미없어지거나 지친 듯한 기색이 보이면 다양한 장난감이 가득 찬 어린이 놀이방으로 데려가면 좋다.

어른들을 위한 스릴 만점
야외 물놀이 시설

　　블루 캐리언의 야외는 어른들을 위한 천국이다. 만 3세 이상의 어린이도 탈 수 있는 국내 최대 폭, 최장 길이의 4인승 슬라이드인 패밀리 슬라이드, 높이 16.5m, 길이 140m의 성인 전용 스릴 만점의 업 힐 슬라이드, 하늘을 향해 몸을 던지는 듯한 느낌의 짜릿한 스릴을 느낄 수 있는 스피드 슬라이드, 인공 급류 타기 로데오 마운틴, 강력한 급류 속에서 튜브에만 의지해 떠다니는 스릴 넘치는 웨이브 리버 등이 있어 어른들도 심심하지 않게 물놀이를 즐길 수 있다.

아이들을 위한 다이내믹
야외 물놀이 시설

　　실외에도 아이들을 위한 시설이 꽤 잘 갖추어져 있다. 아기 물놀이 시설로는 슬라이드, 기린 모양의 워터 파이프와 워터 아치, 물 대포 등을 갖춘 수심 60cm의 워터 플레이, 분수, 물놀이 기구 등으로 이루어진 수심 40cm의 실외 유아 풀이 대표적이다. 이외에도 초등학생 아이들의 인기 물놀이 시설인 그물을 잡고 물 위의 부표를 밟아 이동하는 타잔 풀, 물놀이로 인한 체온 저하와 피로를 풀 수 있는 반신욕 탕, 이벤트 스파, 웰빙 스파, 가족끼리 조용하게 독립된 스파를 즐길 수 있는 패밀리 스파, 체온 유지실인 실외 발한실 등이 실외에 조화롭게 있다.

아이와 함께하는 **겨울 놀이의 지존**
보광 휘닉스 파크에서 **눈썰매 타기**

블루 캐니언이 있는 보광 휘닉스 파크는 국내에서 손꼽히는 스키장이자 드라마 〈가을 동화〉의 아름다운 배경지였던 곳이다. 그리고 국내 최초로 스노우 테마 파크를 개장한 눈썰매장의 지존이기도 하다. 겨울이라면 블루 캐니언에서 물놀이와 함께 스노우 테마 파크인 스노우 빌리지에서 눈썰매도 타고 이글루 속을 탐험해 보고 회전 튜브에 아기를 태우고 빙글빙글 눈밭 위에서 눈놀이를 즐겨 보자. 사진을 찍을 만한 아기자기한 조형물들도 갖추고 있어서 아기를 데리고 눈놀이 하기에는 이만한 곳이 없다.

아이를 데리고 눈썰매장에 갈 때는 플라스틱 1인용 눈썰매를 가지고 가는 것이 좋다. 온통 눈밭인 스키장이기에 눈썰매장이 아니라도 아이를 데리고 다니기에 좋다.

BABY TRAVELING TIPS

1. 블루 캐니언 바로 앞에 있는 센터 프라자 2층에는 아기들을 위한 놀이 공간이자 문화 공간인 키즈 카페가 있다. 330m²이가 넘는 넓이에 다양한 놀이 시설이 잘 갖추어진 키즈 카페는 보광 휘닉스 파크를 찾는 아이들의 꿈 동산이다. 주말에만 오픈하는 키즈 카페는 스키, 골프, 물놀이 등에서 소외된 아기의 기분을 풀어 줄 때 찾으면 좋다. (만 12개월 ~ 만 10세 이용 가능. 기본 2시간권 10,000원. 보호자 입장료 4,000원. 문의 전화 : 033-330-6313)

2. 보광 휘닉스 파크의 숙박과 연계해서 블루 캐니언의 이용권을 구매하면 싼 가격에 구매할 수 있다.

3. 겨울이라면 몰라도 야외 물놀이 시설을 오픈하는 여름에는 어린 아기를 혼자 둘 수 없어 눈앞에 펼쳐진 스릴 넘치는 물놀이 시설을 외면해야 하는 부모의 마음은 안타깝기 마련이다. 그래서 엄마 아빠가 번갈아 가며 즐기고 와도 왠지 혼자서 하는 물놀이는 재미가 반감된다. 아기를 데리고 물놀이 갈 때는 가족이 많은 것이 좋다. 조부모나 이모, 삼촌 등 동원할 수 있는 가족을 최대한 동원해서 물놀이 가면 부모도 즐길 수 있을 뿐만 아니라 아이도 즐거워한다.

4. 아이와 함께 눈썰매를 즐길 때는 방수 바지와 방수 기능이 있는 털 부츠를 구비하는 것이 좋다. 어차피 아기는 대부분 안고 눈썰매를 타기 때문에 윗도리까지 젖을 일은 없어서 스키복을 풀 세트로 갖출 필요는 없다. 하지만 바지는 잘 젖으므로 방수 바지가 꼭 필요하다.

겨울이라면 블루 캐니언에서 물놀이와 함께 스노우 테마 파크인 스노우 빌리지에서 눈썰매도 타고 이글루 속을 탐험해 보고 회전 튜브에 아기를 태우고 빙글빙글 눈밭 위에서 눈놀이를 즐겨 보자.

엄마아빠를 위한 인근 맛집

가벼슬 (033-336-0609)

아이와 함께 먹기에는 곤드레 밥으로 유명한 집이다. 곤드레 밥 (5,000원)은 엉겅퀴의 일종인 곤드레를 넣어서 밥을 지어 그 위에 고사리, 콩나물, 우거지 등의 채소를 넣고 강원도 특유의 양념장으로 비벼 먹는 비빔밥의 일종이다.

아이에게는 양념장을 넣지 않은 곤드레 밥을 주면 좋다. 고추 장아찌, 김치, 무채 등 반찬이 맵지 않고 깔끔하지만, 어른들 입맛에 맞는 반찬이라 곤드레 밥만을 먹어야 하는 아기를 위해서 후리가케를 가지고 가서 곤드레 밥에 같이 비벼 주먹밥을 만들어 줘도 좋다.

100% 봉평메밀로 만든 메밀묵 위에 오이와 깨, 김 등을 듬뿍 얹고 새콤달콤한 고추장 양념을 한 메밀묵(5,000원)도 맛있다.

아이와 함께하는 추천 숙소

보광 휘닉스 파크 (1588-2828)와 **한화 리조트 휘닉스 파크** (033-334-6100)

평창 허브 나라와 가까운 리조트로는 보광 휘닉스 파크가 있다. 보광 휘닉스 파크에는 아이들과 함께 놀기 좋은 워터 파크인 블루 캐니언이 있다. 하지만 보광 휘닉스 파크 콘도는 지은 지 오래되어 시설이 낡은 편이다. 시설 면에서는 한화 리조트 휘닉스 파크가 낫고 편의성 면에서는 보광 휘닉스 파크가 좋다.

알펜시아 리조트 (033-339-0000)

스키의 고장이라고 불리는 평창에는 많은 숙박 시설이 있다. 이 중 2009년 개장한 알펜시아 리조트의 호텔과 콘도가 깨끗하다. 하지만 같은 평창이라고 해도 거리가 있는 편이다. 알펜시아 리조트는 인터콘티넨털 1급 호텔과 홀리데이 인 2급 호텔 그리고 콘도로 구성되었으며 영화 〈국가대표〉의 촬영지로도 유명하다.

주변에 가 볼 만한 곳

평창은 상원사, 월정사가 있는 오대산 국립 공원과 허브 나라, 양 떼 목장, 대관령 삼양 목장, 보광 휘닉스 파크, 용평 리조트, 알펜시아 리조트, 봉평 이효석 문학관과 생가 등 볼 것 많고 즐길 것 많은 곳이다.

이 중 걷지 못하는 아이와 함께 둘러보면 좋은 곳으로는 월정사 전나무 숲길, 용평 리조트의 곤돌라, 보광 휘닉스 파크의 워터 파크인 블루 캐니언을 꼽을 수 있다. 용평 리조트의 곤돌라는 아기가 어려 많은 이동이 불편한 부모들에게 평창의 아름다운 산하를 한눈에 담을 수 있는 숨겨진 관광 아이템이다. 가을과 겨울의 풍광이 특히 인상적이다.

겨울철 아이와 워터 파크로 여행 갈 때 꼭 필요한 준비물

물놀이 여행 준비물 : 방수 기저귀 2~3개, 일반 기저귀 한 개, 배를 가려주는 원피스형 수영복과 수영모, 모자 달린 수영 가운, 스포츠 타월 2~3개, 비치 타월 1~2개, 유아용 보행기 튜브, 물과 빨대 컵, 아기 간식

스키, 눈썰매장 여행 준비물 : 방수 바지, 방수 부츠, 귀를 덮는 모자, 목도리, 장갑, 내복 두세 벌, 양말 다수, 유아용 선크림

장거리 여행 준비물 : 해열제, 체온계, 아기용 벌레 물린 데 바르는 약(여름), 연고, 밴드(연고와 밴드는 걷기 시작한 이후의 아기들에겐 필수지만 그 이전의 아기라면 별 필요가 없다), 건강보험증(필수), 아기 세제, 아기 샴푸, 아기 로션, 아기 의복 다수, 모자, 유모차용 방풍 커버, 유모차, 아기 띠, 부피가 작고 소리가 나는 아기 장난감, 기저귀 다수, 물티슈, 아기 수건, 아기 먹을거리, 빨대 컵, 커버가 있는 아기 스푼 세트, 여행용 아기 베개, 카 시트

아기를 위한 여행용 Best Item

유아용 구명조끼

아이들이 물놀이할 때 가장 필요한 안전용품 중 하나가 유아 구명조끼다. 특히 아이와 함께 파도 풀을 탈 때는 구명조끼가 필수다. 하지만 대여하는 조끼는 가장 작은 크기의 구명조끼를 빌려도 24개월 이하의 유아에게는 잘 맞지 않는다. 유아 구명조끼를 구입할 때는 아이의 성장을 생각해서 큰 것을 구입하면 안 된다. 구명조끼란 몸에 딱 맞게 입어야 응급 상황이 발생했을 때 제 역할을 할 수 있다. 그래서 가볍고 아이가 움직이기에 불편하지 않으며, 입혀 보고 딱 맞는 것을 사야 한다.

아기를 위한 여행용 먹을거리

여행을 다닐 때 아이에게 주면 좋은 먹을거리로는 떡 튀밥이 있다. 특히 12개월 이하의 아기에게는 너무 달고 자극적인 간식을 주기보다는 떡 튀밥이나 현미 튀밥 등 기름 없이 굽거나 설탕이 없는 것이 좋다. 초록 마을 등 자연식을 파는 곳에서 구매할 수 있다.

아기 물을 끓여서 다니기 어려우면 와일드 알프의 베이비 워터나 베이비 워터 플러스 같은 어린이 전용 물을 사서 다니면 편하다. 베이비 워터는 외출이나 여행 때 아이들의 수분 공급에도 좋고, 이유식을 만들 때 이용해도 좋다.

일출 여행

가족의 건강과 행복을 빌러 간절곶으로 일출 여행을 떠나 보자. 아이에게 처음으로 해돋이를 보여 주며 아이의 건강과 가족의 행복을 빌어 볼 수 있는 간절곶은 한반도를 넘어 동아시아에서 가장 먼저 해가 뜨는 곳이다. 정동진보다 5분, 포항 호미곶보다 약 1분, 울산 대왕암보다 1초 빠르다. 바다에서 보면 긴 대로 만든 장대를 일컫는 간짓대처럼 보인다 해서 간절곶으로 불린다. 푸른 동해와 하얀 간절곶 등대, 시야를 거스르는 것 하나 없이 동해로 향해 트인 해돋이 공원은 다양한 조형물과 벤치, 해안 산책로 등으로 정갈하게 꾸며져 여행객들의 마음을 사로잡는다.

간절곶의 바로 북쪽에는 해마다 세계 윈드서핑 대회가 열리는 깨끗한 모래 해변인 진하 해수욕장이 있다. 진하 해수욕장은 규칙적이진 않지만 썰물 때가 되면 해수욕장 앞의 명선도까지 모랫길이 생긴다. 동해에서는 보기 어려운 신비한 바닷길이다. 이외에도 유모차 여행지로 최적이며, 세계에서 가장 큰 도심 속 생태 테마 공원인 울산대공원과 아이들의 열광적인 사랑을 받고 있는

POST
간절곶 소망우체통
우체통
간절곶
주소 울산광역시 울주군 서생면 대송리
문의 전화 052-229-7000
Info.

살아 있는 고래를 볼 수 있는 장생포 고래 박물관이 있다. 고래를 찾아 떠나는 일출 여행을 할 수 있는 울산은 부모와 아이 모두 만족할 수 있는 여행지가 될 것이다.

울산 간절곶의 명물
소망 우체통

간절곶에 설치된 소망 우체통은 2006년 설치 당시 세계에서 가장 큰 우체통으로 높이 5m, 무게 7톤을 자랑한다. 다채로운 사연의 소망 엽서가 일 년에 약 4만 통 이상 쓰이는 명소다. 우표를 가지고 갔다면, 보고 싶은 이에게 또는 사랑하는 이에게 엽서를 보낼 수 있다. 거대한 소망 우체통 뒤로 돌아가면 내부로 들어갈 수 있는 문이 있다. 이 문 안에 들어가면 사연을 적을 수 있는 엽서와 테이블이 있다. 이곳에서 아이에게 사랑을 담아 엽서 한 장을 쓴 후 아이에 대한 사랑과 소망을 담아 소망 우체통에 넣어 보자.

내가 보낸 엽서를 집에서 아이나 가족이 직접 받아 볼 때 느끼는 여행의 감동은 잔잔하지만 특별하다. 이 엽서와 함께 소망 우체통 앞에서 찍은 가족사진을 같이 걸어 두면 특별한 추억 보관함이 된다. 누군가에게 엽서를 보내지 않아도 그저 마음속 사연을 소망 우체통에 남겨 놓을 수 있다. 아름답거나 슬픈 사연은

수취인 없는 아름다운 이야기나 아이에 대한 작은 희망이 적힌 엽서를 소망 우체통에 넣는 순간 왠지
동해의 용신이 소망을 이루어 줄 것 같은 느낌이 든다.

소망 우체통을 통해 지역 방송국에 수시로 소개된다. 소망 우체통에 담긴 엽서의 80%는 수취인 없는 사연이다. 수취인 없는 아름다운 이야기나 아이에 대한 작은 희망이 적힌 엽서를 소망 우체통에 넣는 순간 왠지 동해의 용신이 소망을 이루어 줄 것 같은 느낌이 든다.

순백의 **간절곶 등대와** 명품 **해안 산책로가** 어우러진 간절곶 **해돋이 공원**

간절곶엔 앞바다를 지키는 하얀 등대가 있다. 아직도 등대지기가 지키고 있는 이 간절곶 등대는 바다를 당당히 바라보며 해맞이 언덕 위에 우뚝 서 있다. 그리 크지도 작지도 않은 하얗게 빛나는 이 등대는 푸른 바다와 송림이 어우러져 마음 설레게 하는 외로움과 낭만이 있다. 1920년 3월에 점등된 간절곶 등대는 등탑을 제외하곤 누구에게나 열려 있는 공간이다. 17m 높이의 원통형 등탑과 등탑 앞뜰에 앙증맞게 세워진 꼬마 등탑은 과거 20년 동안 불을 밝히던 등명만 옮겨 놓은 것이다. 그 앞으로는 전설로 내려오는 로도스 섬의 거대한 청동상을 축소 재현해 놓은 조형물이 있다.

간절곶 등대의 역사와 구성을 볼 수 있는 홍보관과 전망대도

318

크지도 작지도 않은 하얗게 빛나는 이 등대는 푸른바다와 송림이
어우러져 마음 설레게 하는 외로움과 낭만이 있다.

간절곶
추천 4개월부터
추천 이유 간절곶은 탁 트인 해방감을 만끽할 수 있는 곳
으로 아이보다는 부모의 마음이 더욱 크게 충족되는 곳
이다. 여행을 위해 많은 곳을 이동할 필요 없이 한곳에서
도 아이와 함께 하얀 등대를 배경으로 짙푸른 바다를 바
라보며 한없는 자유로움을 느낄 수 있는 곳이다.
진하 해수욕장 모래사장이 깨끗해서 안심하고 아기들에
게 모래 놀이의 즐거움을 알려 줄 수 있다.

놓치면 아쉬운 장소다. 등대 뒤편으론 작지만 아름다운 송림이 있고 바닷가 쪽으로는 경사면을 따라 나무로 된 계단이 이어져 있다. 이 계단을 따라 내려가면 간절곶 해돋이 공원이 나온다.

해돋이 공원엔 소망 우체통을 선두로 남편을 기다리다 망부석이 된 신라의 명재상인 박제상의 부인을 기린 세 모녀상, 바다를 향해 씩씩하게 나아가는 어부를 표현한 어부상, 새 천년의 비상을 알리는 거북비가 있다. 해돋이 공원의 끝에는 바다를 향해 튀어나온 바위 끝, 바다와의 경계 면에는 바다를 향해 그립게 앉아 있는 벤치들이 있다. 일출을 보기에 최적의 장소이다.

국토 해양부 선정 우수 해수욕장
진하 해수욕장

길이 1km, 너비 300m의 그리 크지 않은 해수욕장이지만 진하 해수욕장은 수심이 얕고 모래가 깨끗해서 울산을 대표하는 해수욕장이 되었다. 특히 명선도와 어우러진 모습이 아름다워 사진작가들의 출사 장소로도 사랑받고 있다. 명선도는 작은 무인도지만 겨울철 해무와 송림이 어우러진 풍광이 신비롭기 이를 데 없다. 불규칙적이지만 썰물 때가 되면 진하 해수욕장 팔각정에서 명선도까지 약 500m의 바닷길이 열린다.

진하 해수욕장은 윈드서핑을 즐기기에도 최적의 조건을 갖추고 있다. 아시아 최초로 국제 프로 서핑 선수 협의회(Professional Windsurfers Association: PWA)가 주관하는 울산컵 PWA세계 윈드 서핑 대회가 해마다 개최된다. 진하 해수욕장은 2010년 전국에서

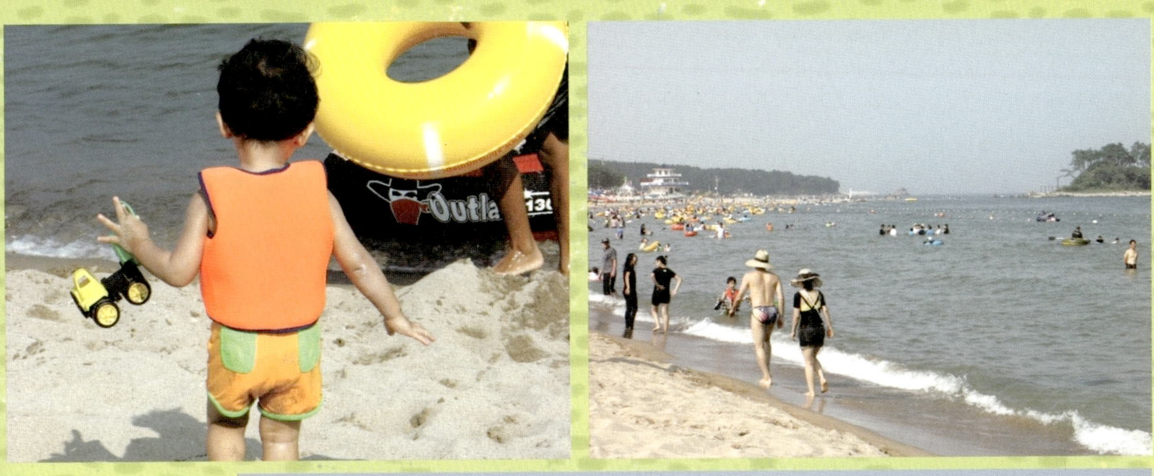

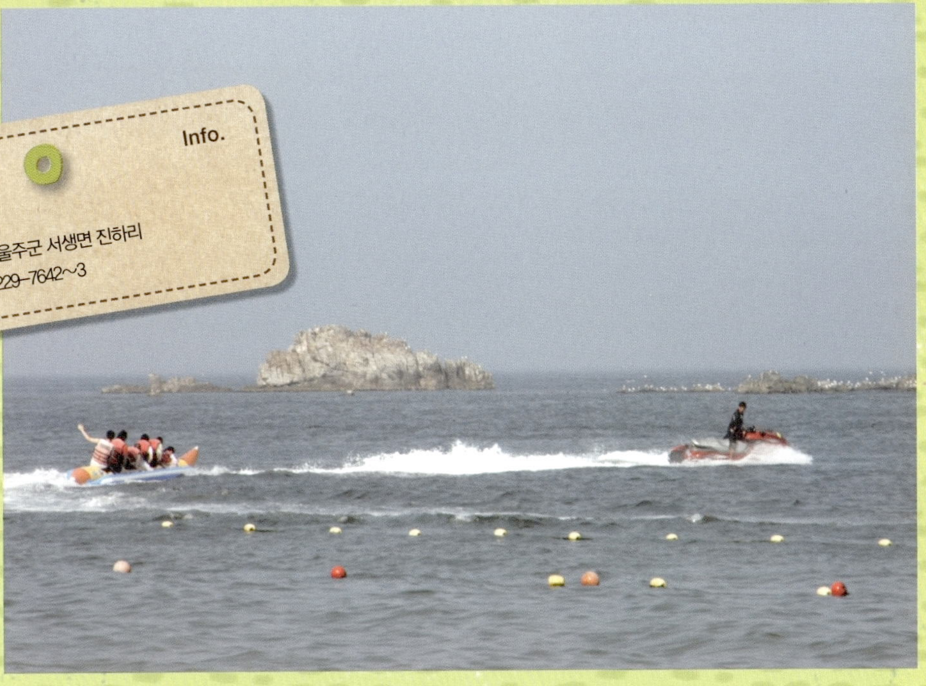

Info.

진하 해수욕장
주소 울산광역시 울주군 서생면 진하리
전화 문의 052-229-7642~3

진하 해수욕장은 수심이 얕고 모래가 깨끗해서 울산을 대표하는 해수욕장이 되었다. 특히 명선도와 어우러진 모습이 아름다워 사진작가들의 출사 장소로도 사랑받고 있다.

선정된 우수 해수욕장 20곳 중 하나로 파라솔과 숙박료 등 각종 이용료 공개, 화장실, 샤워 시설 등 기본 시설 개선, 수질 환경 보전 등 여러 방면에서 좋은 평가를 받았다. 아이를 데리고 가는 바다 여행이라면 기본적으로 깨끗한 곳으로 가야 하는 것이 당연하다. 그런 면에서 진하 해수욕장은 합격점을 주기에 충분하다. 아이에게 바다가 베푸는 자유로움과 모래 놀이의 즐거움을 알려 주기에 좋다.

유아 발달에 좋은 모래 놀이

우리 아이는 돌 무렵부터 다소 공격적 성향을 보여서 모래 놀이를 할 수 있도록 자주 해변에 데려갔다. 전문가들의 말에 따르면 아이들은 모래를 휘젓고 뒤엎으면서 공격성과 충동, 분노 등 부정적인 감정을 발산한다고 한다. 모래가 스트레스를 푸는 대상인 것이다. 그래서인지 우리 아이는 처음 해변에 갔을 때 우선 데굴데굴 구르고 모래를 마구 던지면서 놀기 시작했다. 그 후에 모래를 먹어 보고 심지어 눈에 넣어 보는 등 상상 이상의 행동을 했다.

모래를 쌓고, 파고, 두드리고, 부수는 과정에 집중하면서 정서적인 안정감과 뇌 발달과 연관된 소 근육을 발달시킨다고 하니 조금 과한 듯하지만 내버려두었다. 그 후 해변에 데려가는 횟수가 더해질수록 아이는 스스로 다양한 놀이를 하며 정서적으로 안정된 모습을 보였다.

모래 놀이는 앉아서 손만 움직일 수 있다면 모든 연령의 아이에게 좋은 놀이다. 모래 놀이는 실내보다는 해변과 같은 넓고 자유로운 공간에서 하는 것이 좋다. 바다가 들려주는 파도 소리, 갈매기 소리 등을 접하면서 하는 모래 놀이가 정서적인 안정을 주기 때문이다. 인간은 도시에 살지만, 자연으로의 회귀를 꿈꾼다고 한다. 이것은 본능인 듯 아이들은 갇힌 공간에서 하는 모래 놀이보다는 탁 트인 바닷가에서 즐기는 모래 놀이를 좋아하며 아이들에게도 유익하다.

아이와 함께하는 추천 숙소

동해에서 가장 먼저 해가 뜨는 간절곶에 숙소를 잡아 보자. 답답한 사각의 아파트를 벗어나 거침없이 동해를 붉게 물들이는 태양을 마주할 수 있는 특별한 장소다. 동해의 다른 일출 명소보다 상업화가 덜 되어 있어 생각보다 한적하고 깨끗하다. 과거 간절곶엔 숙박할 만한 곳이 없었지만 얼마 전 예쁜 펜션 두 곳이 문을 열었다. 바다를 바로 앞에 두고 그림같이 앉아 있는 티엔느와 해돋이 펜션이다.

티엔느

로맨틱한 펜션으로 바다를 정면으로 바라보는 위치와 인테리어가 고급스럽다. 일곱 개의 방 중 투 룸으로 구성된 방은 거실에 아이를 눕힐 만한 공간이 있다. (010-3595-3316 / www.tiennepension.co.kr / 울산광역시 울주군 서생면 대송리 171-1)

해돋이 펜션

간절곶 진입로 바로 우측에 있는, 편안한 분위기의 목조 펜션으로 족구장, 실내 외 바비큐장, 정자, 텃밭 등이 있다. 해돋이 펜션도 아이를 눕힐 만한 충분한 바닥 공간을 갖추고 있다. (052-238-5938 /울산광역시 울주군 서생면 대송리 156-4)

주변에 가 볼 만한 곳

장생포 고래 박물관

이곳은 국내 유일의 고래 박물관으로 주민등록증까지 있는 비싼 몸값의 고래들이 살고 있다. 머리 위로 유유히 헤엄치는 고래를 볼 수 있는 인상적인 곳이다.

울산대공원

SK 그룹이 기업 이윤의 사회 환원을 목적으로 1,000여억 원을 투자해 만든 세계적인 생태 테마 공원이다. 동물 농장과 장미원, 다양한 생태 테마 정원이 있다.

대왕암 공원

경주의 문무왕의 왕비가 묻힌 곳이라고 전해지는 대왕암과 탕건암, 남근 바위, 용굴 등 다양한 해안 기암괴석들이 수령이 백여 년이 넘어가는 해송가 어우러져 기막힌 절경을 연출한다. 대왕암과 해안은 철교로 이어져 있는데 거친 바다와 어우러진 전경이 빼어나다. 대왕암 공원에 있는 울기 등대는 국내의 대표적인 아름다운 등대로 꼽힌다.

아이와 일출 여행 갈 때 꼭 필요한 준비물

일출 여행은 1박 2일 일정이 좋다. 하지만 울산의 다른 명소를 모두 둘러볼 생각이라면 2박 3일은 예정하는 것이 좋다.

비상약 : 해열제, 체온계, 연고, 밴드(연고와 밴드는 걷기 시작한 이후의 아기들에겐 필수지만 그 이전의 아기라면 별 필요가 없다), 계절에 따라 아기용 벌레 물린 데 바르는 약, 모기 쫓는 패치

장거리 여행 아기 용품 : 아기 옷 세탁 세제, 아기 샴푸, 아기 로션, 기저귀 다수, 물티슈, 여벌의 옷, 모자, 모자 달린 재킷(여름이라도 방풍용으로 얇은 긴팔 재킷이 있어야 한다.), 부피가 작고 소리가 나는 아기 장난감들, 차에서 틀어 줄 동요 CD

외출 시 항상 휴대하는 필수 아기 용품 : 기저귀 2~3개, 물티슈, 아기 수건(턱받이), 여벌의 옷 한두 벌, 유모차, 카 시트, 아기 띠, 물이 담긴 빨대 컵, 아기 간식, 커버가 있는 아기 스푼 세트, 건강보험증, 계절에 따라 유아용 선크림과 모자

해변 여행 준비물 : 모래 놀이 세트, 모자, 유아용 선크림, 아기 샌들, 갈아 입힐 옷, 수건

해수욕 준비물 : 방수 기저귀, 보행기 튜브, 어깨가 덮히는 수영복, 모자, 유아용 선크림, 스포츠 타월 또는 일반 타월 2~3개, 비치 타월 1~2개, 물, 빨대 컵, 아기 간식

POST
간절곶 소망우체통

부록

가족 여행을 위한
준비물

아이와 함께 여행할 때 주의사항

1 비상약을 준비하자

면역력이 약한 아기는 환경이나 기온이 바뀌면 열이 오를 수도 있다. 이럴 때를 대비해서 해열제를 구비해야 한다. 전 연령대의 아기들이 복용할 수 있는 해열제인 타이레놀이 비상용으로 좋다. 귀 체온계도 필수이다. 여름이라면 벌레 물린 데 바르는 약과 모기 쫓는 패치 등도 준비하는 것이 좋다.

만약 여름에 바닷가 텐트촌이나 휴양림 같은 곳으로 여행 간다면 모기 쫓는 약을 다양하게 준비해 가야 한다. 아이가 걷고 뛴다면 다친 데 바르는 연고와 밴드도 준비한다.

2 응급 의료 정보 서비스 전화 1339를 휴대전화에 저장해 놓자!

만약 여행지에서 아기가 아프면 병원에 가야 한다. 이럴 때 응급 의료 정보 서비스 전화인 1339를 이용하자. 국번 없이 1339를 누르면 근처 소아과 정보와 휴일 당번 약국, 가장 가까운 응급실이 있는 병원 등 필요한 정보를 모두 알 수 있다. 또한 급한 경우 응급 처치 정보와 구급차 출동 서비스까지 받을 수 있다.

3 자동차 문은 항상 ROCK을 걸어 놓아야 한다

고속도로를 달리다 아이가 자동차 문을 달칵 여는 소리에 소스라치게 놀라 본 경험이 있는 부모들이 많을 것이다. 자동차에 아이를 태웠다면 출발하기 전에 반드시 자동차 문의 안전 장금 장치를 눌러 놓아야 한다. 하지만 아이가 조금만 크면 그것 또한 해제하는 영악함을 보인다. 이럴 때를 위해서 차문 옆을 잘 살펴보면 밖에서 문을 열어 주기 전에는 열리지 않는 또 다른 작은 장금 장치가 있다. 고속도로를 달릴 때는 장금 장치를 꼭 걸어 놓고 운행하는 것이 좋다.

4 햇볕과 바람으로부터 아기 피부를 보호하자

여행을 다니다 보면 아기가 햇볕과 바람에 노출되게 된다. 여름 뿐만 아니라 봄, 가을, 겨울에도 햇볕이 있는 날 야외를 돌아다니면 자외선에 노출되는 경우가 많다. 특히 여름 해변과 겨울 눈썰매장은 자외선으로 인한 화상의 위험이 있으니 아기 선크림을 꼼꼼히 발라 주자.

햇볕만 주의해야 하는 것이 아니다. 겨울 찬바람에 아기가 노출되면 아기 얼굴이 금새 거칠해진다. 외출 전뿐만 아니라 여행 중에도 잘 살펴보고 유분이 많이 함유된 로션을 발라 주는 것이 좋다.

5 아이의 수분 보충에 신경 쓰자

아이의 신체는 85%가 수분으로 이루어져 있다. 여행 중 아이가 목말라 하면 바로 물을 주는 것이 좋다. 특히 더운 여름이라면 자주 물을 주는 것이 좋다. 갈증이 날 때는 시중에 판매하는 음료보다는 보리차나 베이비 이온 음료 또는 베이비 워터를 주는 것이 좋다. 아이가 땀을 많이 흘리면 가제 수건에 물을 묻혀 닦아 주고 옷을 갈아입히는 것이 좋다.

6 미아 방지 목걸이, 팔찌 등을 채워 주자

유모차 안에 가만히 있는 아기라면 몰라도 혼자 뛰고 걸을 수 있는 아이라면 여행 중 아이를 잃어버릴 수도 있다. 이럴 때를 대비해 보호자의 연락처와 아이의 이름이 적힌 미아 방지용 목걸이나 팔찌 등을 아이에게 채워 주자. 금보다는 다른 재질의 것들이 범죄 예방에 좋다.

7 식사하고 30분 후에 출발하자

이유식이나 분유를 먹은 후 바로 출발하면 아이들이 멀미할 수 있다. 무엇이든 식사로 음식을 먹은 후에는 20~30분 휴식을 한 후 출발하는 것이 좋다. 휴게소에서 밥을 먹더라도 식사 후 휴게소 놀이터에서 놀게 한 후 출발하는 것이 좋다.

8 아이의 옷은 넉넉하게 준비하고, 넉넉하게 입히자

아이의 옷은 한두 벌 남겠다 싶을 정도로 여유 있게 챙기는 것이 좋다. 여행이라면 계절에 관계없이 모자 달린 외투를 준비하는 것이 좋다. 여름이라도 모자 달린 방풍 재킷을 꼭 챙겨 가야 갑자기 바람이 많이 불거나, 비가 올 때 대처할 수 있다. 방풍 재킷은 면 소재도 좋지만 부피감이 작고, 구김이 잘 생기지 않아 가방에 돌돌 말아 가지고 다니기 쉬운 소재가 좋다.

여름에는 통풍과 체온 조절을 위해서 아이의 옷을 헐렁하게 입히는 것이 좋다. 겨울이라면 두꺼운 옷을 하나 입히는 것보다 얇은 옷을 여러 벌 껴입히는 것이 좋다. 보온에도 더 좋을 뿐만 아니라 아이가 더위를 타면 하나씩 벗길 수 있어 더 좋다.

9 자동차 에어컨은 적정 온도를 유지해야 한다

아이는 기본 체온이 어른보다 높기 때문에 더위에도 약하지만 에어컨에도 약하다. 자동차 여행 시 아이가 감기나 냉방병에 걸리지 않게 하기 위해서는 바깥과의 온도 차가 5도 이상 나지 않도록 해야 한다. 아이의 체온은 수면 상태에서 떨어지므로, 에어컨을 켰을 때는 얇은 자동차용 이불을 항상 덮어 주는 것이 좋다. 또한, 자주 환기를 시켜 줘야 어른과 아이들이 두통과 냉방병 등에 걸리지 않는다.

10 여행 중이라도 아이의 생활 리듬을 지켜 주자

여행 중 평소와 똑같이는 못 하더라도 낮잠 시간, 식사 시간, 수면 시간 등 아이의 기본적인 생활 리듬을 지켜 주는 것이 좋다. 어떤 아기들은 장거리 여행을 떠나면 스트레스를 받아 며칠씩 대변을 못 가리는 경우도 있다. 기본적인 생활 리듬만 지켜 줘도 아이들이 환경 변화에서 받는 스트레스를 많이 줄일 수 있다.

잠자리를 바꾸면 잠을 잘 못 자는 아이들을 위해서는 얇은 아기 이불과 아기 베개 하나 정도를 가져가는 것이 좋다. 또한, 아이가 잠자기 전에 물이나 주스 등을 많이 마시면 잠을 못 잘 수 있으니, 자기 전에는 되도록 먹이지 않는 것이 좋다. 목이 마르다 하면 목마름만 가시게 해 주면 된다.

아이와 함께하는 여행 짐 챙기기

주위의 아기 엄마들이 여행 준비를 할 때 내게 많이 묻는 질문이 '어디 갈 건데, 뭘 가져가야 해?'이다. 개인적으로는 신용카드 한 장 들고 간편하게 떠나는 여행을 가장 선호한다. 하지만 아이의 여행 물품은 대부분 현지 조달이 어려울 뿐만 아니라, 참을성 없는 아이에게 없으면 없는 대로 버티라고 할 수도 없는 문제다.

그래서 아이와 함께 여행 갈 때는 여행지의 목적지별로 여행 준비물을 꼼꼼히 챙겨야 한다. 물론 이삿짐이 안 될 수준에서 최소한으로 꾸려야 하는 것은 여행 짐을 싸는 기본 원칙이니, 이에 맞춰 아이와 함께하는 여행 목적지별 준비물을 챙겨 보자.

1 36개월 이하의 아이와 함께하는 여행 필수품

① 건강보험증

대부분의 관광지와 박물관, 전시관, 식물원, 워터 파크 등의 입장료는 24개월 이하 또는 36개월 이하의 유아는 무료다. 하지만 요즘은 아이가 어려 보이면 대충 입장시키던 예전과 달리 입장 시에 증명서를 요구하는 곳이 많다. 특히 입장료가 비싼 워터 파크 같은 곳은 더욱 심하다.

이외에도 국내선 비행기, 철도 등 교통수단을 무료 탑승하거나 할인받기 위해서는 신분증을 제시해야 하므로 건강보험증은 여행 시 꼭 챙기는 것이 좋다. 건강보험증 대신 주민등록등본을 가지고 다니는 것도 좋다.

② 자동차용 장난감과 동요 CD

여행 짐을 꾸릴 때 잘 빠뜨리는 것이 자동차 안이나 다른 이동 수단 내에서 가지고 놀 장난감과 동요 CD다. 몇 시간을

달려야 하는 장거리 여행은 어른도 지루하고 힘들다. 지루하고 힘든 시간에 아이들이 칭얼거리지 않고 가만히 있기만 바라는 건 무리다. 이럴 때 활용하면 좋은 것이 동요 CD와 장난감이다. 누르면 동요가 나오는 그림책인 동요북도 좋다. 평소 뽀로로를 좋아하는 아이라면 '뽀로로와 노래해요' 동요 CD를 틀어 주고 자동차를 좋아하는 아이라면 자동차 그림책을 가지고 지나가는 차들의 종류를 알려주며 아이의 지루함을 달래 주자.

자동차 안에서 가지고 놀 장난감은 작고 소리 나는 것이 좋다. 이가 나기 시작하는 아이들에게 치발기는 필수다.

③ 카 시트

아이를 데리고 여행하는 사람들 중에서 많은 사람이 카 시트를 사용하지 않는다. 하지만 엄마 품보다 카 시트가 안전한 것은 모두 아는 사실. 뒷 좌석에 카 시트를 부착해 놓고, 카 시트에서 놀게 하고 잠을 재우는 것이 좋다. 그게 엄마의 어깨 통증을 줄여 주는 방법일 뿐 아니라 아이의 안전을 위해서도 최선이다.

④ 절충형 유모차와 휴대형 유모차

여행할 때 절충형 유모차와 휴대형 유모차를 이용하면 좋다. 디럭스형은 너무 크고 무거워서 여행용으로는 맞지 않다. 아이가 18개월 이하라면 등받이가 큰 각도로 넘어가고 바람과 햇볕을 많이 가려 줄 수 있는 큰 후드가 달린 절충형 유모차가 좋다.

18개월 이후의 아이라면 가볍고 쉽게 접고 펼 수 있는 휴대형

유모차가 좋다. 유모차의 가장 중요한 요소는 핸들링이다. 핸들링이 안 좋은 유모차는 모는 사람의 오십견을 불러오는 호환마마보다 무서운 존재다.

⑤ 다용도 비닐 백, 클린백

다용도 비닐 백은 아이와의 여행에서는 필수다. 아이의 기저귀를 갈아준 후 기저귀를 싸기도 좋고, 아이의 지저분해진 옷을 넣어 놓기에도 좋다. 이외에도 정말 다양한 쓰임이 있다. 항상 가지고 다니는 것이 좋다.

⑥ 수면 모자가 있는 아기 띠

아기 띠는 18개월 이하의 아기라면 외출 시 항상 가지고 다니는 것이 좋다. 아기 띠를 차 안에 두고 내리면, 유모차를 타고 있던 아기가 안기려고 하거나 유모차를 태울 수 없는 지형을 만났을 때 당황스러울 수 있다.

아기 띠를 고를 때는 아이가 잠들었을 때 머리에 바람과 햇볕을 가려줄 수 있는 머리 덮개가 있고 어깨의 패딩이 두툼한 것이 좋다.

⑦ 자동차용 아기 덮개

자동차로 여행할 때, 날씨가 춥지 않아도 아이에게 얇은 이불을 살짝 덮어 줘야 한다. 한여름도 마찬가지다. 자동차 여행을 할 때는 반드시 가벼운 덮개를 준비하는 것이 좋다. 속싸개는 가볍고 부피감이 작아 자동차와 유모차에서 아기 덮개로, 춥지 않은 계절에는 이불 또는 바람막이로 유용하다.

⑧ 팬티형 기저귀와 물티슈, 아기 수건

여행할 때는 벗고 입히기 쉬운 팬티형 기저귀를 이용하는 것이
좋다. 뒷처리를 위해서는 물티슈가 필수다. 이것저것 흘리
는 것 많은 아이들과의 외출에서 물티슈와 아기 수건은 필
수다. 아기 수건은 턱받이 대용으로도 사용할 수 있다.

⑨ 빨대 달린 컵

아이가 물을 흘리지 않고 마시기 위해서는 빨대 달린 컵이 필수다. 특히
차 안이나 유모차에서 언제든지 물을 마실 수 있도록 휴대 가방 안에
빨대 달린 컵을 지참하는 것이 좋다.

⑩ 보냉 가방

아이의 간식거리와 물, 우유, 주스, 이유식 등을 가지고 다니기에는 보냉 가방만큼 좋
은 것이 없다. 플라스틱형의 딱딱하고 부피가 큰 아이스박스보다 훨씬 다양한 디자인
과 사이즈의 보냉 가방이 있어 선택의 폭이 넓은 것도 장점이다. 너무 작은 것보다는
조금 큰 숄더백 정도의 사이즈를 고르는 것이 좋다.

워터 파크 준비물 – 방수 기저귀, 보행기 튜브는 필수!

아이가 아직 어려 바닷가로 여행가기 어렵다면 워터 파크로 가 보자. 아이와 함께 워터 파크에 갈 때는 보행기 튜브가 필수다. 보행기 튜브는 월령에 맞는 것을 사용해야 한다. 큰 튜브를 사용하면 아이가 튜브에 폭 빠져서 하늘만 구경하게 된다.

국내 상품으로는 24개월 이하의 아이들을 위한 보행기 튜브가 별로 없으므로 인터넷으로 베이비용 튜브를 구매하는 것이 좋다. 12개월 이하의 유아는 스윔 웨이즈의 보행기 튜브가 좋다. 24개월까지 이용 가능.

아이는 몸에 물이 묻으면 체온이 쉽게 떨어진다. 이를 방지하기 위해서 물에 들어갔다 나오면 반드시 수건으로 물기를 꼼꼼하게 닦아 주고 모자 달린 수영 가운을 입혀 주는 것이 좋다. 이때 필요한 것이 부피가 작은 스포츠 타월과 수영 가운이다.

많은 엄마가 워터 파크에 갈 때 방수 기저귀를 가져가야 한다는 것을 알고 있다. 하지만 마지막 샤워를 마치고 옷을 갈아입을 때 사용할 일반 기저귀를 깜박하는 엄마들이 종종 있다.

워터 파크에 갈 때는 아이가 대소변을 볼 때를 대비해 방수 기저귀와 일반 기저귀를 가져가야 한다. 수영복은 아이가 18개월 이하라면 배를 가려 주는 원피스형 수영복이 좋다. 걷는 아기와 함께하는 여름 워터 파크 여행이라면 어깨 부분을 가리는 수영복이 좋다. 엄마와 함께 미니 파도 풀을 즐길 수 있는 18개월 이상의 아이라면 구명조끼가 필요하다.

구명조끼는 다음 해에 입히려고 큰 것을 사지 말고 몸에 딱 맞는 것을 사서 입혀야 아이도 편하고 구명조끼로서의 효용이 있다. 가볍고 간단한 것이 좋다.

음식물 반입이 금지된 워터 파크라도 유아를 위한 이유식과 간식 정도는 반입을 허락한다. 물과 빨대 달린 컵, 간단한 간식 등을 꼭 챙겨 가는 것이 좋다. 추운 계절에 온천 워터 파크에 갔다면 따뜻한 물을 가져가서 때때로 먹이는 것이 좋다.

워터 파크 여행 준비물 : 유아용 보행기 튜브, 방수 기저귀 2~3개, 일반 기저귀 1개, 수영복과 수영모, 수영 가운, 스포츠 타월 2~3개 또는 일반 수건 2~3개, 비치 타월 1~2개, 유아용 선크림, 물병, 빨대 달린 컵, 아기 간식

해변 여행 준비물 – 모래 놀이 세트를 반드시 가져가자!

18개월 이하의 아이는 바닷가에 놀러가도 바닷물에는 잘 들어가지 않는다. 주로 해변에서 모래 놀이를 즐기면서 바다를 눈으로만 본다. 그래서 유아용 선크림과 모자, 모래 놀이 세트만 준비하면 된다. 아기 신발이 물에 젖거나 모래가 들어가 달라붙지 않도록 여름용 샌들이나 고무 재질의 신발을 신겨 주는 것이 좋다.

만약 아이와 함께 바닷물에 들어가 해수욕을 즐긴다면 워터 파크 준비물과 비슷하게 준비해 가면 된다. 여름에 해수욕을 할 때는 꼭 수영 가운이 필요하지 않지만, 바람이

많이 불 때는 준비해야 한다. 바람이 불면 아무리 더운 여름이라도 물에 들어갔다 나올 때 잘 닦어서 수영 가운을 입히거나 수영 가운이 없다면 수건으로 잘 닦아 주고 가벼운 방풍 점퍼를 입히는 것이 좋다. 아기가 잠이 들면 비치 타월을 깔고 그늘에서 재우면 된다.

아이와 함께 해수욕을 즐길 때는 파라솔과 비치 체어를 반드시 빌리는 것이 좋다. 아이의 몸은 85%가 수분으로 구성되어 있으므로 한여름의 해변 여행이라면 반드시 아이의 수분 보충에 신경 써야 한다.

해변 여행 준비물 : 모래 놀이 세트, 모자, 유아용 선크림, 아기 샌들, 갈아입힐 옷, 수건

해수욕 준비물 : 방수 기저귀 2~3개, 일반 기저귀 1개, 보행기 튜브, 어깨가 덮이는 수영복, 모자, 유아용 선크림, 아기 샌들, 스포츠 타월 또는 일반 타월 2~3개, 비치 타월 1~2개, 물, 빨대 달린 컵, 아기 간식

식물원 여행 준비물 – 유모차, 유아 배낭

꽃과 식물의 아름다운 자태에 감탄하고, 꽃향기를 맡으며 자연으로의 회귀를 잠시 꿈꿀 수 있는 식물원 여행의 필수품은 유모차다. 식물원은 많이 걸어야 하므로 유모차와 아이가 잠들었을 때를 위한 유모차용 베개도 갖추는 것이 좋다.

여름이라면 선셰이드, 봄·가을·겨울이라면 바람과 추위를 피하기 위해서 비닐 재질의 유모차 커버와 무릎 덮개를 가져가는 것이 좋다. 무릎 덮개는 아기가 잘 때 담요 대신 덮어 주면 좋다. 많은

식물원이 피크닉 장소를 갖추고 있으니 확인해 보고 돗자리와 피크닉용 먹을거리를 챙겨 가면 좋다.

걸을 수 있는 아기라면 식물원에 갈 때 유아 배낭을 가져가는 것이 좋다. 안전 끈이 달린 유아 배낭을 아이에게 지게 하고 보호자가 그 끈을 잡고 식물원을 산책하면 안전사고를 막을 수 있고, 아이에게 걸을 수 있는 자유도 줄 수 있다. 식물원에는 모기와 같은 해충이 있을 수 있다. 모기가 있는 계절이라면 옷에 부착하는 모기 쫓는 패치를 유모차와 유아의 옷 등에 붙이는 것이 좋다.

식물원 여행 준비물 : 유모차, 유모차용 베개, 무릎 덮개, 유아 배낭, 기저귀 2~3개, 물티슈, 아기 손수건(턱받이), 여분의 옷, 건강보험증(입장 시 무료입장을 위해서 36개월 이하임을 입증할 증명서가 필요하다.), 아기 간식, 물병, 빨대 달린 컵, 모기 쫓는 패치

피크닉 준비물 : 돗자리, 아기 도시락과 간식, 아기 음료

동물원 여행 준비물 – 등산용 베이비 캐리어와 유아 배낭

아이들은 돌이 지나면 동물에 지대한 관심을 보인다. 이때부터 동물원은 아이들과 함께하는 선호 여행지의 정상에 등극한다. 동물원을 즐기려면 유모차로는 힘들다. 대부분의 동물원이 유모차의 시선 높이로는 즐길 수 없기 때문이다. 이때 활용하면 좋은 것이 등산용 베이비 캐리어다. 가끔 외국인들이 배낭 같은 데 아이를 넣고 다니는 것을 볼 수 있다. 이게 베이비 캐리어다.

국내에서는 등산용 베이비 캐리어로 알려졌다. 대형 배낭처럼 생긴 캐리어는 골조가

스테인리스로 튼튼하게 잡혀 있으며, 지지대가 있어 다리를 펴면 의자처럼 세워 둘 수도 있다. 선 후드와 간단한 물품을 넣을 수 있는 수납공간도 있다. 특히 땀이 많이 나는 여름에 좋다.

여름에 아기 띠를 메면 아기의 몸이 밀착돼서 더울 뿐만 아니라 땀띠가 많이 난다. 하지만 베이비 캐리어는 아기와 살이 닿지 않고 시선의 높이가 성인과 같으므로 동물원의 동물을 편안하게 관찰할 수 있다. 여름 이외의 계절이라면 앞 보기가 되는 아기 띠에 아기를 태우고 동물을 보여주면 좋다. 하지만 아이가 7~8kg이 넘어가면 아기 띠를 한 지 10분만 지나도 어깨에 통증이 오기에 배낭처럼 등에 메는 베이비 캐리어가 낫다.

아기가 걷고 싶어 한다면 안전 끈이 달린 유아 배낭을 활용하면 좋다. 특히 동물원에서는 안전사고가 일어날 수 있으므로 그냥 걷게 하는 것보다 유아 배낭을 메게 해서 보호자가 안전 끈으로 유아의 돌발 행동을 조절할 수 있는 게 좋다.

식물원과 마찬가지로 동물원도 모기와 같은 해충이 있을 수 있다. 모기가 있는 계절이라면 옷에 부착하는 모기 쫓는 패치 등을 베이비 캐리어, 유아 배낭, 유아의 옷 등에 붙이는 것이 좋다.

동물원 여행 준비물 : 베이비 캐리어, 유아 배낭, 기저귀 2~3개, 물티슈, 아기 손수건(턱받이), 여분의 옷, 모자, 유아용 선크림, 건강보험증(입장 시 무료입장을 위해서 36개월 이하임을 입증할 증명서가 필요하다.), 아기 간식, 물병, 빨대 달린 컵, 모기 쫓는 패치

스키장 & 눈썰매장 여행 준비물 – 방수 부츠, 방수 바지는 필수!
스키장 또는 눈썰매장으로 여행 갈 때는 방수 바지와 방수 부츠가 필수다. 36개월

이하라면 혼자서 눈썰매를 타기 힘드므로 상의까지 꼭 방수용으로 구비할 필요는 없다. 하지만 방수가 되는 장갑은 준비하는 것이 좋다. 모자는 귀를 덮는 모자가 좋다. 가끔 쇼핑하다 보면 얼굴만 뚫린 모자와 목도리를 겸하는 특이한 모자를 볼 수 있다. 이것 또한 유용하다.

눈놀이를 갈 때는 아이에게 얇은 옷을 여러 겹 입히는 것이 좋다. 보온성도 좋고 아이가 더위를 느낄 때 하나씩 벗겨 온도 조절을 해 주기 좋다. 방수 바지는 아이가 어릴수록 배를 덮는 형태가 좋다. 스키장에 갈 때는 성인이나 아이 할 것 없이 선크림을 반드시 발라야 한다. 하얀 눈에 반사되는 자외선이 상상 이상으로 강하다.

아이와 눈썰매장을 갈 때는 플라스틱 눈썰매를 개인적으로 준비해 가는 것이 좋다. 눈썰매장뿐 아니라 스키장 곳곳에서 활용도가 높은 이동 수단이자 놀이 수단이다.

스키장 & 눈썰매장 여행 준비물 : 방수 바지, 방수 부츠, 귀를 덮는 모자, 목도리, 장갑, 양말 다수, 여벌의 옷 다수, 유아용 선크림, 플라스틱 눈썰매

❸ 여행 기간별 준비물

당일 여행

가까운 거리로 가는 당일 여행은 간단한 외출 준비 정도의 준비물만 있어도 된다.

당일 여행 준비물 : 카 시트, 유모차, 유모차 무릎 덮개(취침 시 이불 대용), 아기 띠, 기저귀 2~3개, 물티슈, 아기 손수건(턱받이), 여벌의 옷 한두 벌(여분의 옷은 여름이 되면 더 많이 준비하는 것이 좋다.), 건강보험증, 아기 간식, 물이 담긴 빨대 달린 컵, 계절과 날씨에 따라 모자와 유아용 선크림 추가

1박 2일 여행

1박 2일 정도의 여행이라면 빨래를 할 필요는 없지만, 장거리 여행 준비물은 다 챙겨 가야 한다. 비상약도 챙겨 가야 한다. 빨랫감은 여행 필수품 중 하나인 깨끗한 비닐 팩을 넉넉히 가져가서 담아 오는 것이 좋다.

1박 2일 여행 준비물
비상약 : 해열제, 체온계, 연고, 밴드(연고와 밴드는 걷기 시작한 이후의 아기들에겐 필수지만 그 이전의 아기라면 별 필요가 없다.), 계절에 따라 아기용 벌레 물린 데 바르는 약, 모기 쫓는 패치 등

장거리 여행 아기 용품 : 아기 샴푸, 아기 로션, 여벌의 옷, 모자, 모자 달린 재킷(여름이라도 방풍용으로 얇은 긴팔 재킷이 있어야 한다.), 기저귀 다수, 부피가 작고 소리가 나는 아기 장난감, 차에서 틀어 줄 동요 CD

외출 시 항상 휴대하는 필수 아기 용품 : 기저귀 2~3개, 물티슈, 아기 수건(턱받이), 여벌의 옷 한두 벌, 물이 담긴 빨대 달린 컵, 유모차, 카 시트, 아기 띠, 아기 간식, 커버가 있는 아기 스푼 세트, 건강보험증(36개월 이하나 24개월 이하의 유아는 무료입장하는 곳이 대부분이므로 항상 지참하는 것이 좋다.), 계절에 따라 유아용 선크림과 모자

2박 3일 이상 여행

2박 3일 이상 여행 갈 때는 아이 옷 전용 세제를 가지고 다니면서 아이 옷을 세탁하는 것이 좋다. 흙이나 음식물 등이 묻어 있는 경우가 많아서 오랜 기간 그대로 두면 냄새가 나고 위생적으로도 좋지 않다.

비상약 : 해열제, 체온계, 연고, 밴드(연고와 밴드는 걷기 시작한 이후의 아기들에겐 필수지만 그 이전의 아기라면 별 필요가 없다.), 계절에 따라 아기용 벌레 물린 데 바르는 약, 모기 쫓는 패치

장거리 여행 아기 용품 : 아기 옷 세탁 세제, 아기 샴푸, 아기 로션, 기저귀 다수, 물티슈, 여벌의 옷, 모자, 모자 달린 재킷(여름이라도 방풍용으로 얇은 긴팔 재킷이 있어야 한다.), 부피가 작고 소리가 나는 아기 장난감, 차에서 틀어 줄 동요 CD

외출 시 항상 휴대하는 필수 아기 용품 : 기저귀 2~3개, 물티슈, 아기 수건(턱받이), 여벌의 옷 한두 벌, 유모차, 카 시트, 아기 띠, 물이 담긴 빨대 달린 컵, 아기 간식, 커버가 있는 아기 스푼 세트, 건강보험증(36개월 이하나 24개월 이하의 유아는 무료입장하는 곳이 대부분이므로 항상 지참하는 것이 좋다.), 계절에 따라 유아용 선크림과 모자

아기 발달 개월별 여행용 먹을거리!

1 모유 또는 분유만 먹는 시기 (생후부터 6개월까지)

사람들은 이 시기에 여행이 어려울 것으로 생각하지만 사실 이 시기가 엄마로서는 여행하기에 가장 편한 시기다. 특히 모유 수유를 하는 엄마라면 아기 먹을거리를 따로 챙길 필요가 없기에 간단하게 여행 준비가 끝난다.

분유를 먹는 아기라면 액상 분유와 일회용 젖병을 사용하면 편리하다. 물을 데우고 젖병을 삶을 필요 없이 액상 분유를 뜯어서 일회용 젖병에 넣은 후 먹이면 편한 여행을 할 수 있다. 단 액상 분유에 대한 거부감을 보일 수 있으므로 여행 전에 아이가 익숙해지도록 하는 것이 좋다.

2 이유식 시기 (4~6개월부터 12~15개월까지)

아기를 데리고 여행하기 가장 어려운 시기는 분유나 모유에 이유식까지 챙겨다녀야 하는 이유식 시기다. 우유나 분유만 먹어도 되는 6개월 이전이나 적당히 어른들의 먹을거리에서 짜고 매운 것을 빼고 먹일 수 있는 돌 이후의 아기가 아니기에 이 시기에는 별수 없이 아기 먹을거리를 많이 가지고 다녀야 한다.

선택할 수 있는 가짓수는 세 가지다. 분유를 먹는 아기는 액상 분유와 일회용 젖병을 활용하고 이유식은 여행 기간별로 방법을 달리해서 가지고 다니는 것이 좋다.

첫째, 짧은 여행일 경우 이유식 보냉 가방에 엄마표 이유식을 가지고 다니자

이 시기에 당일이나 1박 2일 정도 짧은 여행을 다닐 때에는 집에서 만든 이유식을 가장 작은 사이즈의 유리 락앤락에 나누어 끼니 수만큼 가지고 다니며 데워 먹이는 것이 좋다. 요즘은 어디를 가더라도 유아 휴게실이 잘되어 있어, 전자레인지로 살짝 데워 먹이면 된다. 이때 가장 필요한 것이 이유식 보냉 가방이다. 여름에는 아이스 팩을 하나 얼려서 넣은 후 이유식을 가지고 다니면 신선하게 보관할 수 있다. 여행지의 숙소 냉장고에서 아이스 팩을 다시 얼려 사용하면 그 다음 날도 이유식을 신선하게 보관할 수 있다.

보냉 가방의 사이즈는 작은 것보다는 약간 넉넉한 사이즈를 구매해서 이유식과 물병이나 액상 분유까지 모두 같이 가지고 다닐 수 있는 것이 편하다. 이유식이 끝난 이후에도 아기들 우유나 요구르트 등을 가지고 다니기 좋으므로 일찍 구매해 두는 것이 좋다.

둘째, 이유식 재료를 가지고 다니며 취사가 가능한 여행지 숙소에서 조리해 먹기

사실 이 경우가 아이를 위해서는 가장 좋다고 할 수 있겠다. 하지만 하루 3~4번씩 먹는 이유식을 매번 여행지에서 만들어 먹인다면 그건 여행이 아니라 그저 일상일 것이다. 그러므로 절충하는 것이 좋다. 아침이나 저녁에 이유식을 만들어서 작은 락앤락 2~3개에 담아 두고 낮에 먹이면 엄마도 편하고 아기의 영양도 충분히 공급된다.

셋째, 시판되는 병에 담긴 완전 조리 이유식을 먹이는 경우

대부분 일본이나 미국에서 수입되는 것이긴 하지만 병에 담긴 완전 조리 이유식이 있다. 물을 부어 먹이는 인스턴트 이유식보다는 안전한 먹을거리로 외출이나, 여행 때 가끔 이용하기에는 괜찮다. 삶은 고구마+우유+바나나를 섞어 만든 이유식이나 하나의 재료로만 만든 이유식 등 다양한 종류가 있다.

유명한 시판 이유식 회사로는 거버가 있는데 거버의 쌀가루는 여행 시 가지고 다니며 우유나 물에 개어서 먹이면 좋다. 불행하게도 인터넷 구매 대행으로만 살 수 있다.

일반 대형 마트나 백화점에서 시판하는 유리 용기에 담긴 완전 조리 이유식은 일본에서 수입한 큐피가 있나. 이런 제품들은 여행 가기 전에 아기에게 가끔 먹여 보아서 익숙하게 한 후 외출이나 여행 시 이용해야지, 갑자기 먹이면 안 먹는 경우가 있어 낭패스러울 수 있다.

3 이유식 완료기부터 24개월까지

이 시기의 아기는 짜고 매운 자극성 강한 음식을 제외하면 성인식을 함께 먹을 수 있다. 단 아직은 숟가락을 사용하는 것이 익숙하지 않기에 지저분하게 음식을 먹는 단점이 있다. 또한, 아직 예의가 몸에 익숙하지 않기에 식당의 다른 손님들에게 실례가 되는 행동을 많이 할 수 있으므로 식당을 선정할 때 독실을 사용할 수 있는 곳이 눈치 보이지 않고 좋다. 메뉴를 정할 때도 아기와 함께 먹을 수 있는 음식점을 고르는 것이 좋다.

이 시기의 아이와 음식점에 갈 때는 턱받이나 아기용 수건을 가져가야 한다. 아이가 음식을 잘 흘리기 때문에 턱받이가 없으면 옷을 갈아 입혀야 하는 경우가 많다. 또한, 호기심 많고 행동력 강한 아기와 함께 식당을 가야 할 때 식탁에서 불을 피워 음식을 하는 곳은 피하는 것이 좋다. 사고는 순식간에 일어난다.

4 24개월부터 36개월까지

이 시기가 되면 아이는 숟가락질에 제법 익숙해질 뿐만 아니라 같이 여행 다니기도 수월해진다. 이때부터는 여행지에서만 맛볼 수 있는 음식들도 아기와 함께 즐겨 보는 것이 좋다. 풍산에 가면 풍산장어를 먹어 보게 하고, 전주에 가면 전주비빔밥을 같이 즐겨 보는 것이 좋다. 그래야 환경의 변화에 적극 대처하고 여행을 즐길 수 있는 유연한 아이로 자랄 수 있다.

第一團地
內山乳川
鶴岳卯石
豊饒江山
昔寒潜対
Post